"十四五"时期国家重点出版物出版专项规划项目

◀ 农 业 科 普 丛 书 ▶

青少年知农爱农
植物的秘密

陈丽娜 高云涛 陈 石 主编

中国农业科学技术出版社

图书在版编目（CIP）数据

青少年知农爱农：植物的秘密 / 陈丽娜，高云涛，陈石主编 . -- 北京：中国农业科学技术出版社，2024.12. -- ISBN 978-7-5116-6849-3

Ⅰ . Q94-49

中国国家版本馆 CIP 数据核字第 20242JU047 号

责任编辑　张志花
责任校对　王　彦
责任印制　姜义伟　王思文

出 版 者	中国农业科学技术出版社
	北京市中关村南大街 12 号　　邮编：100081
电　　话	（010）82106636（编辑室）　　（010）82106624（发行部）
	（010）82109709（读者服务部）
网　　址	https://castp.caas.cn
经 销 者	各地新华书店
印 刷 者	北京地大彩印有限公司
开　　本	170 mm×240 mm　1/16
印　　张	7.5
字　　数	140 千字
版　　次	2024 年 12 月第 1 版　2024 年 12 月第 1 次印刷
定　　价	50.00 元

◀━━ 版权所有·翻印必究 ━━▶

《青少年知农爱农——植物的秘密》

编委会

主　　编　陈丽娜　高云涛　陈　石

副主编　夏　溢　龙卫平　邓　莹

　　　　　　刘燕花　张钰婷

编著人员（按姓氏音序排列）

　　　　　　毕建雄　陈福生　陈秀龙

　　　　　　邓嘉辉　黄绮雯　蒋仁娇

　　　　　　刘伟民　任　斐　宋燕华

　　　　　　吴敦莹　杨秀红　左清清

　　　　　　左雪冬　郑景玲

支撑课题

特色热带作物在中小学劳动教育中的推广应用（中国热带农业科学院基本业务费 1630112024003）

香草兰设施栽培技术集成及功能拓展（中国热带农业科学院基本业务费 1630112023001）

新时代背景下小学种植教育基地实践模式的研究（2023年广州市青少年科技教育项目 KP市2023159）

青少年知农爱农之"植物的秘密"科普作品的创作与传播（2024年广东省基层科普行动计划立项项目 GDKP2024-3-036）

科学导师进校园（2025年广州市青少年科技教育项目）

支持单位

中国热带农业科学院广州实验站

广州市花都区赤坭镇白坭小学

广州市花都区骏威小学

目 录
CONTENTS

1 刨根问底 ·· 1

    1.1 直根系与须根系 ·· 2

        知识充电站 1　植物生长的条件 ··························· 5

        知识充电站 2　深根 ··· 5

        知识充电站 3　扦插繁殖 ···································· 5

      【实验 1】　扦插 ·· 6

    1.2 根吸收水分 ·· 7

      【实验 2】　根吸收水分 ···································· 7

    1.3 根吸收矿物质 ·· 8

      【实验 3】　根吸收矿物质 ································ 8

        知识充电站 4　植物矿质营养学说 ························ 9

        知识充电站 5　木桶原理——最小养分律 ············· 10

        知识充电站 6　土壤清道夫——蚯蚓 ··················· 11

      【实验 4】　蚯蚓盒 ·· 12

    1.4 变态根 ··· 13

        知识充电站 7　木薯 ·· 15

        知识充电站 8　独木成林 ································· 16

    1.5 植被与水土保持 ··· 17

      【实验 5】　水土保持实验 ······························ 17

2 "茎"然不同 21

2.1 是草还是树 22
【实验6】 茎的输导作用 23
知识充电站9 竹子是草还是树？ 24
知识充电站10 空心的智慧 25

2.2 茎的变态 26
知识充电站11 马铃薯、甘薯，是茎还是根？ 28
【实验7】 区分块根和块茎 29

2.3 树的年轮 30
【实验8】 会"说话"的年轮 31
知识充电站12 世界上最古老的树 32

2.4 大树的衣服——树皮 33
【实验9】 用一张纸测量树高 34
【实验10】 游戏：我的树 35

2.5 植物的智慧——老茎生花 36
知识充电站13 橡胶：滴滴白乳汁铸就"压舱石" 38

3 斑斓的叶子 39

3.1 叶子的形状 40
【实验11】 认识叶形、叶脉 44
知识充电站14 滴水叶尖 45

3.2 叶子的变态 46
【实验12】 叶脉书签制作 49
知识充电站15 光合作用 49
知识充电站16 蒸腾作用 50
知识充电站17 甘蓝家族 50

3.3 斑斓叶色 ·· 52

【实验 13】 制作植物"比萨" ·············· 55

【实验 14】 寻找秋天 ·············· 55

知识充电站 18 一片树叶的故事（茶）·············· 56

【实验 15】 识别六大茶类 ·············· 58

4 花花世界 ·· 59

4.1 花的组成 ·· 61

【实验 16】 解剖一朵花 ·············· 63

4.2 花样百出 ·· 64

【实验 17】 植物拓染 ·············· 68

4.3 花的颜色 ·· 70

【实验 18】 花色指示剂 ·············· 72

知识充电站 19 人民币上"有钱花" ·············· 73

4.4 花的传粉策略 ·· 74

【实验 19】 人工授粉 ·············· 77

【实验 20】 压花书签的制作 ·············· 78

知识充电站 20 植物开花的意义 ·············· 79

5 种子与果实 ·· 81

5.1 裸子植物与被子植物 ·· 82

知识充电站 21 松果 ·············· 83

知识充电站 22 银杏 ·············· 84

【实验 21】 收集种子 ·············· 85

5.2 果实的类型 ·· 86

【实验 22】 会冒泡的柠檬 ·············· 91

　　　　【实验23】 制作话梅青橘柠檬茶 ··· 91

　5.3 种子的结构 ·· 92

　　　　【实验24】 观察种子的结构 ··· 93
　　　　【实验25】 种子活力测定 ··· 95
　　　　【实验26】 种子发芽试验 ··· 95

　5.4 种子的传播（动物） ·· 96

　　　　知识充电站23　蔬菜和水果，你们更爱哪个? ··························· 98
　　　　【实验27】 水果茶的制作 ··· 99
　　　　【实验28】 水果发电小实验 ··· 99
　　　　【实验29】 趣味水果小实验 ··· 100

　5.5 种子的传播（风） ·· 101

　5.6 种子的传播（自体、水） ·· 103

　　　　知识充电站24　穿越千年的绽放 ··· 105
　　　　【实验30】 种子的旅行方式 ··· 106
　　　　知识充电站25　品种改良 ··· 106
　　　　知识充电站26　袁隆平与杂交水稻 ··· 107
　　　　知识充电站27　种子与生活 ··· 107
　　　　知识充电站28　咖啡 ··· 108
　　　　【实验31】 咖啡手冲 ··· 110
　　　　知识充电站29　植物分类 ··· 111

参考文献 ··· 112

1

刨根问底

1.1　直根系与须根系

根,一般指植物在地下的部位,主要功能为固持植物体,吸收水分和溶于水中的矿物质,将水与矿物质输导到茎,以及储藏养分。

根据发生的部位不同,根可分为定根(主根与侧根)和不定根两大类。

主根: 种子萌发时,胚根突破种皮,直接生长而成。

侧根: 根产生的各级大小分支。

定根: 主根和侧根都从植物固定的部位生长出来,均属于定根。

不定根: 由茎、叶、老根或胚轴上发生的根,根的发生位置不固定,因此,都称为不定根(图1.1)。

图1.1　榕树的气生根。榕树凭借强大的根系,在不同的环境下均能顽强生存

根系：一株植物地下部分所有根的总体。

直根系：根系有明显而发达的主根，侧根呈垂直状向下生长，形成明显的根柱（图1.2）。这种根系结构使植物能够更好地吸收深层土壤的水分和养分，这种类型的根系常见于双子叶植物，如大豆、可可（图1.3）等。

须根系：植物的主根不发达，侧根或不定根（图1.4）呈须状向四周扩展，没有明显的根柱。这种根系结构使植物能够充分利用土壤表层的养分和水分，有利于植物在干旱或养分贫瘠的环境中生长，这种类型的根常见于单子叶植物，如水稻、小麦、玉米（图1.5）等。

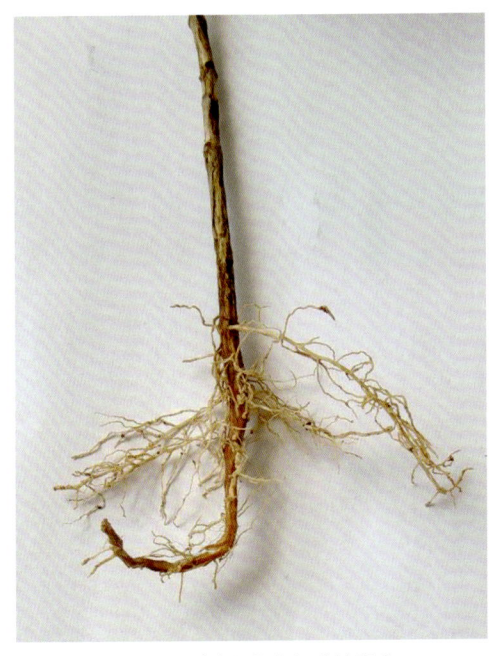

图1.2 直根系（咖啡幼根）

图1.3 双子叶植物（可可子叶）

图1.4 不定根（绿萝）

图1.5 须根系（玉米幼根）

知识充电站 1　植物生长的条件

植物在生长的过程中需要五大条件（图 1.6）：一是光照，二是空气，三是温度，四是水，五是肥。

图 1.6　植物生长的条件

知识充电站 2　深根

直根常常深入土壤中，可以在浅根系植物够不到的地方获取水分和矿物质营养。对于蒲公英之类的草来说，直根也让它们很难被根除。经常发生的情况是，它们的叶被除掉，但根还在原地完好无损，于是叶很快又重新长出来。

知识充电站 3　扦插繁殖

取植株营养器官的一部分，插入疏松润湿的土壤或细沙中，利用其再生能力，使之生根抽枝，成为新植株。按取用器官的不同，又有枝插、叶插、根插和芽插之分。

【实验1】 扦插

目的：通过扦插技术，了解植物可以通过枝条、叶、根或芽重新长出新植株。了解茎部位生长不定根的现象。

材料：扦插材料（三角梅成熟枝条、甘薯成熟枝条、月季成熟枝条等）、剪刀、扦插穴盆或沙池。

步骤：

（1）扦插材料准备，剪至3~5个节位，叶子适当修剪。

（2）准备扦插穴盆或沙池，使其平整。

（3）将插条按顺序插入穴盆或沙池。

（4）浇透水，放入阴凉处。

（5）日常管理保持土壤湿润。

（6）半个月后，观察扦插材料的生长情况，是否长新芽。

（7）拔出植株，观察植株的生根情况（图1.7）。

讨论：

观察生根的枝条和未生根的枝条地上部分的表现有什么差异？

图1.7 月季枝条扦插生根

1.2 根吸收水分

根部成熟区外面大量的根毛增加了吸收水分的面积。根、茎、叶中的导管相互连接,形成运输水分的管网;根部吸收的水分通过管网被输送到植物体的各个部分,同时,溶解在水中的无机盐也得到了运输。

【实验2】 根吸收水分

目的: 了解根是吸收水分的重要器官。

材料: 带根的活体植株、试管、水、植物油、记号笔(图1.8)。

步骤:

(1)将活体植株放入试管。

(2)倒入水,只没过根。

(3)倒入植物油。

(4)在水和油交界的地方做标记(图1.9)。

(5)放置1个小时,看水面是否下降。

图1.8 根吸收水分实验材料

图1.9 根吸水,在水和油交界处做标记

讨论:

将图1.9实验装置放在向阳处,48小时后,观察到试管里的水面降低了。这说明植物的根具有_____的作用。

1.3 根吸收矿物质

植物主要通过根尖部分的根毛以离子形式吸收矿物质。根从土壤中吸收水分的同时，也摄入了溶解在水中的、植物繁茂生长所必需的矿物质。土壤的化学成分在不同地点变化很大，如有的地点植物所需的一些关键元素短缺，将导致植物生长迟缓或叶片褪色。

【实验3】 根吸收矿物质

目的： 比较羽衣甘蓝/玉米等幼苗在蒸馏水和土壤浸出液中的生长状况。

材料： 羽衣甘蓝/玉米幼苗、试管、土壤、蒸馏水。

步骤： 将两株生长状况基本相同的羽衣甘蓝/玉米幼苗，分别放在盛有等量的蒸馏水和土壤浸出液的玻璃器皿中进行培养（图1.10），1个月后，观察并比较两株羽衣甘蓝/玉米等幼苗的生长状况（图1.11）。

图1.10 蒸馏水（左）及土壤浸出液（右）栽培羽衣甘蓝比较

1.3 根吸收矿物质

图 1.11 蒸馏水（左）与土壤浸出液（右）栽培 30 天后，羽衣甘蓝的生长差异

讨论：

（1）描述两株羽衣甘蓝/玉米幼苗的生长状况，包括株高、茎、叶、根的生长状况。

（2）土壤浸出液与蒸馏水在成分上有什么区别？

（3）为什么土壤浸出液能够保证植株的正常生长？

知识充电站 4　植物矿质营养学说

德国化学家、现代农业化学的倡导者李比希（1803—1873）于 1840 年提出的"植物矿质营养学说"驳斥了过去占统治地位的腐殖质营养学说，建立了植物营养学科，该学说为化肥的生产与应用奠定了理论基础。

矿质养分学说认为土里的矿物质为所有绿色植物提供养料，厩肥和别的有机肥对植物生长起作用不是因为它们含有有机质，而是因为这些有机质分解后生成了矿物质。该学说明确了作物吸收养分的主要形态为离子形态，无论是化肥还是有机肥，它们的营养对植物生长来说一样重要，这些观点推动了化肥工业的产生。

通过实验分析，发现植物体干物质中约有70多种化学元素，但目前肯定为植物生长发育所必需的营养元素只有17种。在这些营养元素中，除碳、氢、氧来源于空气中的二氧化碳和水外，其余14种元素主要来自土壤和施肥。氮（N）、磷（P）、钾（K）是植物生长需要的大量元素，钙（Ca）、镁（Mg）、硫（S）是植物生长需要的中量元素，铁（Fe）、锰（Mn）、铜（Cu）、锌（Zn）、硼（B）、钼（Mo）、氯（Cl）和镍（Ni）8种元素，植物需要量极微（小于10 mmol·kg^{-1}干重），稍多反而对植物有害，甚至致其死亡，称为微量元素。

知识充电站5　木桶原理——最小养分律

最小养分律是德国化学家李比希（1803—1873）在1843年提出来的。李比希根据自己创立的矿质营养学说，成功地生产了一些化学肥料。为了保证最有效地利用这些肥料，他在实验的基础上，又进一步提出了最小养分律。

所谓最小养分就是指土壤中最缺乏的那种营养元素。作物为了生长，必须要吸收各种养分，但决定作物产量的却是土壤中相对含量最小的有效植物生长因子。产量在一定限度内会随着这个因素的增减而相对变化，因此，如果无视这个限制因素的存在，即使继续增加其他营养成分，也难以再提高作物的产量（图1.12）。

最小养分律可用装水木桶来形象地解释（图1.13）。以木板表示作物生长所需要的多种养分，木板的长短表示某种养分的相对供应量，最大盛水量决定于最短木板的高度。要增加盛水量，必须首先增加最短木板的高度。

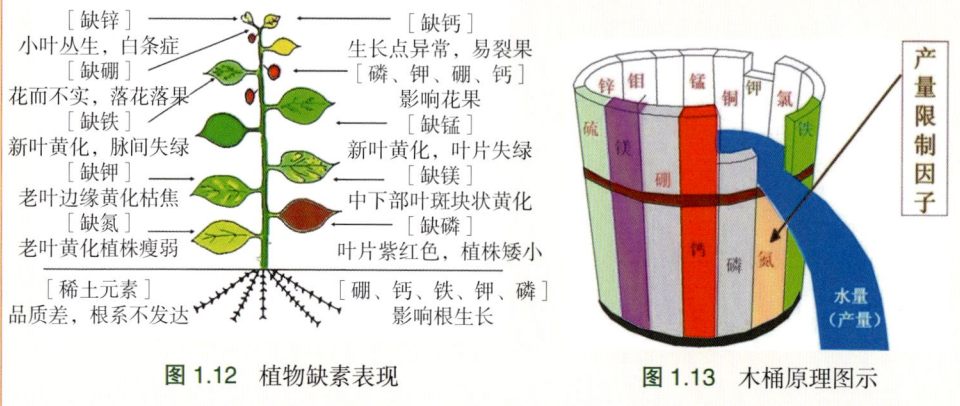

图1.12　植物缺素表现　　　　图1.13　木桶原理图示

知识充电站 6　土壤清道夫——蚯蚓

蚯蚓，别称地龙、曲鳝等，是环节动物门寡毛纲的陆栖无脊椎动物，有"生态系统工程师"的美称。

蚯蚓属于营腐生生活动物，生活在土壤中，昼伏夜出，以畜禽粪便和有机废物垃圾为食，连同泥土一同吞入，也摄食植物的腐烂茎叶等。蚯蚓可使土壤疏松、改良土壤、提高肥力，从而促进农业增产。

人们越来越认识到蚯蚓在农业、林业、牧业生产上的重要性和对环境保护的特殊作用。据调查，中国每公顷土地内有蚯蚓15万～180万条。由于蚯蚓的掘地性和杂食性，每年每公顷土地内蚯蚓排出的蚓粪就可以达到几十吨至几百吨。富含腐殖质的蚓粪是植物生长的极好肥料。蚯蚓的活动还可以改良土壤，加速分解土壤中的有机物，恢复和保持土壤的生态平衡。此外，蚯蚓在处理垃圾中的有机废物，降解环境中的污染物，以及为人类提供新的蛋白质来源等方面都日益受到人们的重视。

推荐读物《土壤清道夫蚯蚓》(浙江教育出版社，2016)。

【实验4】 蚯蚓盒

目的：认识土壤清道夫蚯蚓,并了解其生活习性。

材料：一个塑料盒、牛粪等有机肥、椰糠、蚯蚓、水、蔬菜老叶或水果皮等、电烙铁。

步骤：

（1）将牛粪与椰糠混匀,并浇透水(判断水是否够：手捏紧不散团,刚好滴水)。

（2）用电烙铁在塑料盒盖子上打些孔,有利于蚯蚓呼吸。

（3）将牛粪与椰糠混合物放入塑料盒中。

（4）放入3~5条蚯蚓。

（5）在上面放蔬菜老叶或水果皮等,盖上盖子。

讨论：

两个星期后观察蔬菜老叶或水果皮的形态,观察蚯蚓是否长大,数量是否增加,是否有蚯蚓蛋（图1.14）。

上面放叶子的蚯蚓盒　　　蚯蚓蛋　　　叶消化腐蚀后

图1.14　蚯蚓养殖

1.4 变态根

变态根是指由于功能改变引起的形态和结构都发生变化的根，主要有以下几种类型。

贮藏根：贮藏有大量营养物质的根，如萝卜、胡萝卜、甜菜、甘薯和木薯的根（图1.15）。

图1.15 木薯（贮藏根）

气生根：指由植物茎上发生的、生长在地面以上的、暴露在空气中的不定根。气生根有下列4种特化的类型。

（1）支柱根：如甘蔗和玉米茎基部的节上发生的许多不定根，伸入土壤中有支持作用，可防止倒伏；又如我国南方榕树的板根（图1.16）和气生根，形成强大的木质支柱，起支持和吸收作用。

（2）攀缘根：如绿萝、香荚兰（图1.17）茎上生许多气生根，能分泌黏液，固着于其他物体之上，借此向上攀缘生长。

（3）呼吸根：如落羽杉（图1.18）、红树和海桑等，生在泥水中呼吸十分困难，因而有部分根垂直向上伸出土面，便于呼吸。

（4）寄生根：如桑寄生和菟丝子（图1.19）等，它们的不定根发育为吸器，可以钻入寄主的茎内，以吸取寄主的营养为生。

图 1.16 榕树的板根（支柱根）

图 1.18 落羽杉的呼吸根

图 1.17 香荚兰的攀缘根

图 1.19 菟丝子的寄生根

知识充电站 7　木薯

"薯类三兄弟"木薯（图 1.20）、甘薯和马铃薯均起源于南美洲，因为木薯产量高、淀粉含量高，被称为"淀粉之王""地下粮仓"，在非洲、亚洲、美洲等地方大面积生长，作为主粮养活着世界 1/7 的人口！

木薯原产于美洲热带地区，在全世界热带地区广为栽培。木薯因其淀粉含量高，是制造食品级和工业级淀粉、变性淀粉，以及发酵生产燃料乙醇的主要原料。此外，木薯也是芋圆、西米、糖果、药品胶囊、口香糖、速冻食品、奶茶、啤酒、化妆品、纸张、包装箱、衣服等的原料。

图 1.20　木薯茎叶

华南 9 号木薯，又名蛋黄木薯（图 1.21），因蒸煮后颜色如蛋黄而得名，是国家木薯产业技术体系在广东地区的主推品种，每公顷鲜薯产量达 30～38 吨（2～2.5 吨/亩）。

相比传统木薯品种，蛋黄木薯无须反复浸泡水，剥皮后直接烹饪食用即可，薯肉呈蛋黄色，口感更粉糯清香，食用更方便安全（图 1.22）。

木薯具有"低脂肪、高膳食纤维、低钠高钾、高淀粉低升糖指数"的优秀品质，"三高"人群常吃有益健康。木薯膳食纤维含量高，可与甘薯等粗粮伙伴媲美，易使人产生饱腹感，是健康减肥的好伴侣；

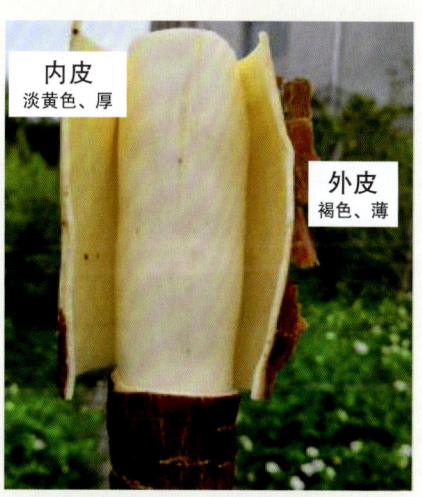

图 1.21　蛋黄木薯块茎

矿质元素丰富，钾含量高，有利于排钠、降血压、保护血管；均衡饮食好搭配，可弥补大米、小麦等谷物中赖氨酸的不足；升糖指数低（升糖指数≤55 为低升糖指数食物，木薯为 46，荞麦为 49），糖尿病人可适量食用。

近些年，通过速冻低温真空保存、反季节种植采收等技术手段，使木薯实现了常年供应。因具有低投入、粗管理、高产出的优势，木薯在撂荒地治理中发挥了重要作用。

图 1.22　煮熟的蛋黄木薯块茎

知识充电站 8　独木成林

常言道"独木不成林",可是自然界唯有榕树(图 1.23)能"独木成林",打破了"单丝不成线,独木不成林"的俗语。榕树左右两侧的主枝上,有几十条大小不等的气生根,这些根垂直而下、相互交缠、盘于根部、扎入泥土,形成根部相连的丛生状支柱根。榕树塑造出一树多干的奇特景致,既像一道篱笆,又像一道天然的屏风,是热带雨林中的一大奇特景观,展现了大自然鬼斧神工的艺术魅力。

云南省西双版纳勐海县国家级打洛口岸开发区内,有一棵榕树,树高70余米,幅宽120平方米,32条支气生根直入土中相连成林。据考证已有1 000多年的树龄,迄今仍然枝叶茂盛。

广东新会小鸟天堂国家湿地公园的古榕树,也是文学巨匠巴金先生笔下《鸟的天堂》。

图 1.23　独木成林的榕树(广东省化州市博带村)

1.5 植被与水土保持

由于人们认识上的"无知",对植被资源的掠夺式开发和毁坏是形成土壤侵蚀的主要原因。精细而伸展的根可以固定土壤颗粒,避免土壤流失。

【实验 5】 水土保持实验

目的:了解植被对水土保持的作用。

材料:盆栽植物 1 盆、空花盆 1 个、泥土若干、花盆底托 2 个、小喷壶 1 个、量杯 1 个(图 1.24)。

步骤:

(1)将泥土倒入空花盆。

(2)将花盆底托分别放入花盆底(栽植物和未栽植物的花盆)。

(3)用小喷壶分别向两花盆喷等量水。

(4)通过花盆底托水的浑浊程度和水量,确定哪种方式更能保持水分(图 1.25)。

讨论:

哪种花盆的水更清澈?原因是什么?

图 1.24 实验的准备材料

未种植花盆的出水量

种植花盆的出水量

图 1.25 未种植花盆与种植花盆的出水量比较

2

"茎"然不同

茎是植物的骨架,支持并连接着根、叶、花和果实。在茎的内部隐藏着一个循环系统,使水分和养分能够在整个植物体内流转。茎的结构展示出极大的多样性,既有高耸的乔木和弓曲的藤本,又有铺散的地被植物和地下的根状茎。茎在大小上也有很大差异,微小的藓类有纤细的茎,而北美红杉的树干却极为庞大。

茎的主要功能如下。

(1)输导作用(图2.1)。由根毛吸收的水分和无机盐,沿茎自下而上输导(但垂枝的植株中,也有向下流动的情况),其途径是木质部的导管或管胞;由植物叶子在光合作用下制造的有机养料,经过茎自上而下运输,其途径是韧皮部的筛管。

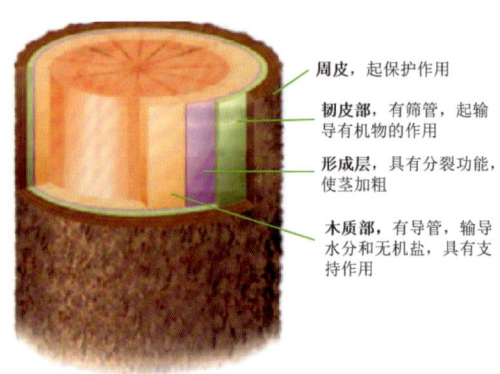

图2.1 茎的输导作用

(2)支持作用。茎靠内部所具有的发达的机械组织,承受着枝、叶、花、果的全部重量和压力,还要抵抗由于风、雨、雪、雹等自然变化所引起的摧残力量,使枝、叶、花、果能够合理地展布在空间,进行各自的生理作用(图2.2)。

图2.2 波罗蜜茎干支撑果实

(3)贮藏作用。茎中可以贮藏淀粉、糖类、脂肪、蛋白质以供植物体利用,如甘蔗、藕、马铃薯。另外,还可贮存一些次生代谢产物,如黏液(图2.3)、松脂、挥发油、单宁、乳汁等。茎中贮藏的物质,往往可以提取出来,供工业上利用。

图2.3 柠檬树的黏液

(4)繁殖作用。利用茎、枝进行扦插、压条、嫁接,利用地下茎进行繁殖,已是植树造林和农作物栽培中的一项重要措施(图2.4)。

图2.4 甘薯茎扦插后长出不定根

2.1 是草还是树

草本植物指茎内木质部不发达,含木质化细胞少,支撑力弱的植物。草本植物的体型一般较小,寿命短,茎弱,生长季节结束时地面部分或整株植物死亡。根据完成整个生活史的年限长短,可分为一年生、二年生和多年生草本植物。

木本植物是根和茎因增粗生长形成大量的木质部,且细胞壁也多数木质化的坚固的植物。木本植物因植株高度及分枝部位等不同,可分为3种:半灌木(如牡丹)、灌木(如月季)、乔木(如樟树)。

草本植物与木本植物的区别如下。

(1)植株大小不同:草本植物一般比较矮小,最高不到数米,木本植物一般比较高大,其中乔木类植物可高达数十米。

(2)根茎硬度不同:草本植物根茎软,木本植物根茎硬。

(3)生长年限不同:草本植物年限比较短,木本植物生长年限比较久。

【判断】以下哪些植物是草本植物(图2.5)?美丽异木棉、竹子、香蕉、加拿列海枣、樟树、甘蔗。

答案:竹子、加拿列海枣、香蕉、甘蔗。

图2.5 草本植物 VS 木本植物

【实验 6】 茎的输导作用

目的：了解植物茎的输导作用。

材料：白色康乃馨 / 石斛兰（图 2.6）、红 / 蓝墨水、透明矿泉水瓶 2 个。

步骤：透明矿泉水瓶 1 个放自来水、1 个放红 / 蓝墨水（按 1∶20 稀释），将花放入瓶中，静置 1 天后观察变化（图 2.7）。

讨论：

植物变成什么颜色？原因是什么？剪开植物的茎，观察变红 / 蓝的部位。

图 2.6　实验前的石斛花　　　　图 2.7　实验后染色的石斛花

知识充电站 9　竹子是草还是树？

竹子属禾本科多年生常绿植物，与稻、稗等同属一科。人们说，"草发成苑，树茂成林"。竹子自古称"林"，似乎应属树类了。其实不然，草木之别的关键要看是否有"年轮"。木本植物每过一年，茎干的横断面便增添一圈同心轮纹，然而锯断竹子看，里面却空空如也（图2.8）。由此可知，竹子是"草"，而非"树"。既然竹子是草，那为何会长得如此高大，茎干又如此坚硬呢？

一般的植物仅在茎干顶梢有一个生长点，而竹子每个竹节的顶梢均有一个生长点，所以"雨后春笋"（图2.9），一夜之间能长出1米左右。东南亚地区的竹子甚至1星期能长10余米，其长势之迅猛，堪称"植物界的冠军"。另外，因竹子是多年生植物，而非一年生，故其茎秆高大而坚硬。

竹枝秆挺拔，修长，四季青翠，傲雪凌霜，倍受中国人民喜爱，有"梅兰竹菊"四君子之一、"梅松竹"岁寒三友之一等美称。

图2.8　竹子纵切面

图2.9　竹笋

知识充电站 10　空心的智慧

在大自然中，植物为适应生存环境，会自动地想出存活的方法，伸展树根，长出枝叶。

为什么水稻的茎会那么长呢（图 2.10）？这是为了不使成熟的水稻穗接触到地面，同时不给旁边的水稻造成不便，并尽可能多结稻穗。为了能承受稻穗的重量和强风的侵袭，水稻的茎质地柔软且总是往下弯腰。水稻的茎之所以具备这些特质，是因为茎的内部是空心的缘故。

此外，水稻的叶片基部扩大成片状，形成一圆筒体的鞘而将茎全部紧密包围，这样的结构叫叶鞘。在叶鞘下方，茎被紧紧包住，这使茎更加结实。

水稻的茎中还存在硅，这使它坚硬且不易腐烂。硅是一般存在于石头、沙子和动物骨头中的物质。

很多单子叶植物茎的外部十分结实，内部却是空心的构造，如芦苇、竹子、玉米等。

图 2.10　水稻

2.2 茎的变态

茎刺：在植物的茎节上长出的枝条发育成刺状，称为茎刺。这是植物为防御食草动物而进行的一种进化的表现。枝刺常见于柑橘属，如柠檬（图2.11）和火棘属植物的枝条上。

肉质茎：主要指仙人掌科、景天科植物的变态茎，茎绿色，肥厚多汁，能贮藏大量水分和养料，能进行光合作用，如仙人球（图2.12）。

茎卷须：在植物的茎节上不是长出正常的枝条，而是长出由枝条变化成可攀缘的卷须，如葡萄、丝瓜（图2.13）、西番莲。

球茎：地下茎先端膨大成球形，节与节间明显可辨，如荸荠、雄黄兰（图2.14）。

块茎：地下茎的末端膨大，形成一块状体，有许多凹陷的芽点，如马铃薯。

根茎：形状如根，可向四周蔓生，如姜、藕（图2.15）。

鳞茎：某些植物的茎变得非常短，呈扁圆盘状，外面包有多片变化了的叶，这种变态的茎称为鳞茎，如大蒜、洋葱（图2.16）。

图2.11 柠檬的茎刺

图2.12 仙人球的肉质茎

2.2 茎的变态

图 2.13　丝瓜茎卷须

图 2.14　雄黄兰球茎

图 2.15　藕的根茎

图 2.16　洋葱的鳞茎

知识充电站 11　马铃薯、甘薯，是茎还是根？

马铃薯（图 2.17）长在地下，因此总被认为是根，但实际它是茎。根是不会有叶子，不会长芽的。马铃薯外表坑坑洼洼的地方就是芽，这些芽在土壤中，可以长出枝干、生出绿叶。此外，马铃薯内部存在叶绿素，接受阳光照射后，它会变成绿色。

图 2.17　发芽的马铃薯

春天，把马铃薯切成一块块的，确保每块都至少有一个芽。然后将芽朝上，种到土壤中，块茎的芽意识到已为它准备好食物了，于是开始吸收养分并生长。

一般来说，茎都喜欢生长在露天条件下，沐浴在阳光下，把开出鲜艳的花朵视为自己的使命，并把它当作生活的乐趣。然而，有的茎却放弃了这一乐趣，把自己深埋在土里，变成了不像茎的茎，这是为了给芽提供充足的养分。

甘薯（图 2.18）的芽不是四散各处，而是集中在一边（图 2.19）。在芽聚集的地方，会长出很多绿芽。这些绿芽会在前一年茎断掉的地方冒出头来，在绿芽没有长出的地方布满白色的须根，这跟马铃薯有很大区别。

马铃薯通过粗壮的块茎给芽养分，甘薯则通过粗壮的块根供给芽养分。虽然它们俩的芽形态各异，但目的是相同的，都是繁育后代。可见，每种植物都会运用它的智慧存储养分，并提供给芽。

图2.18 甘薯块根

图2.19 甘薯从薯块基部长出苗

【实验7】 区分块根和块茎

目的：通过根茎的特征，区分块根和块茎。

材料：马铃薯、甘薯、萝卜、胡萝卜、姜、芋等块根或块茎，塑料碗或杯子、水。

步骤：

（1）观察认识食材。

（2）区分哪些是块根、哪些是块茎？

（3）将马铃薯和甘薯分别放入塑料碗或杯子中，加入水，过一个星期，观察其发芽和长根的部位。

2.3 树的年轮

环境适宜的时候，树木会加速生长，材质会相对疏松，如春季、夏季，而气候、环境恶劣的时候，树木生长会变得缓慢，材质会相对致密，如秋季、冬季。在疏松和致密间就形成了年轮（图2.20）。由于每年只长出一个圆环，所以可以用年轮来判断树的年龄。

利用树木生长的这一特性，在野外迷路的时候可以辨别方向。树木向阳的一面，年轮会相对疏松，木髓会靠近背阴的一面，所以，在北半球年轮相对疏松的一面是南面。

在热带地区，由于光照和水分常年十分充足，形成的木质部细胞也很大，不会出现深浅的圆环，所以，热带地区的树年轮界线较不清晰。

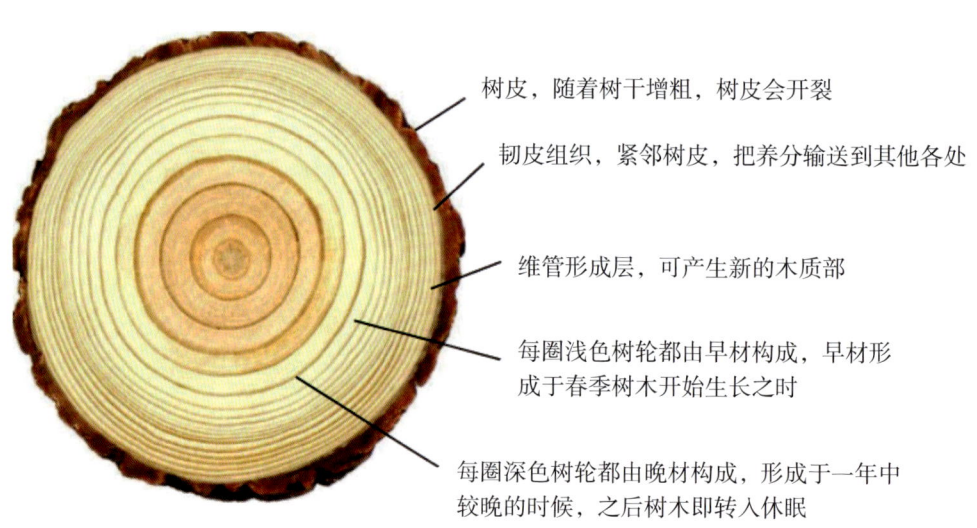

图 2.20 树的年轮

【实验 8】 会"说话"的年轮

目的： 学习树的年轮的计算方法，记录木片里的信息，了解树的健康情况。

材料： 木片、尺、颜料。

步骤：

（1）观察木片（图 2.21），计算树的年轮。

（2）测量木片直径。

（3）在木片上创作画。

讨论：

分析木片哪一侧是向南的，所测量木片的年轮是多少年？树干为什么是圆的？

图 2.21　木片年轮

知识充电站 12　世界上最古老的树

年轮可以发现树许多的秘密。

龙血树：龙血树被认为是世界上最古老的树之一。在西非加那利岛上，有一棵龙血树的树龄在 8 000～10 000 年。不幸的是，最古老的龙血树在 1868 年的一场风暴中被摧毁了。

红杉树：美国加利福尼亚州的世界"爷"树——红杉树，高达 142 米，直径约 12 米，因为生长在路中央，人们将树干基部开个隧道，可以通汽车。它的年龄是 7 800 多年。

轩辕柏：轩辕柏（图 2.22）位于陕西省黄陵县北桥山黄帝庙内，据说由黄帝公孙轩辕氏手植栽培，历来被尊为中国古树之首，株高 20 米以上，胸径 7.8 米左右，在经历 5 000 余年的风霜后依然秀美。

以上提到的树木都是世界上最古老的树的有力竞争者。它们不仅以其长寿而闻名，而且还为人们提供了关于地球历史和气候变化的重要信息。这些古老的树木是自然界中的奇迹，值得我们珍惜和保护。

图 2.22　轩辕柏

2.4 大树的衣服——树皮

树皮作为对木本植物起保护作用的"皮肤",可以把昆虫、细菌和真菌都隔离在外,并留住宝贵的水分。树皮可以防火,有的树木还可以通过树皮的剥落让攀爬的藤类和附生植物无法附着。树皮有多种类型,见图2.23。

在树皮里面有一直在分裂的细胞构成的重要圈层,叫形成层。形成层的位置相对较浅,损坏它们会造成树木生长停滞,甚至死亡。俗话说:人要脸,树要皮。

树皮不仅保护树木,而且也为人类提供了多种便利和帮助,因为树皮中含有丰富多样的物质。人们把树皮中含有的物质提炼出来制作成药品、食材和艺术品等。肉桂的树皮芳香,经常用于中药、烹饪中。金鸡纳树的树皮中含有奎宁,是抗疟良药。

条裂纹(香椿)　　鳞片状(雪松)　　带刺(美丽异木棉)

具横纹(榕树)　　具皮孔(桂花)　　毛萼紫薇(斑状剥落)

图 2.23 不同的树皮类型

【实验 9】 用一张纸测量树高

目的： 学习测量树高的简易方法。

材料： 一张正方形纸，一棵树。

步骤：

（1）把正方形纸对折，形成等腰三角形。

（2）把三角形举到眼前。

（3）从树那里向后退，直到你能看到树顶。

（4）测量一下从你站的这一点到树根的距离。

（5）树高等于你到树根的距离加你的身高（图 2.24）。

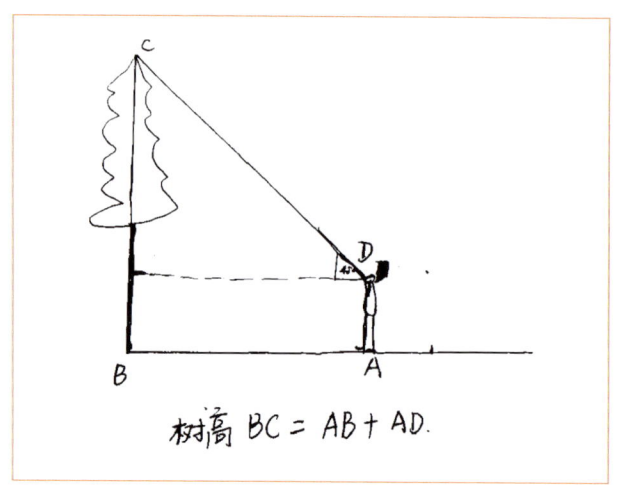

图 2.24　纸测树高

【实验 10】 游戏：我的树

这个游戏至少需要两个人一起玩。蒙上小伙伴的眼睛，带他来到一棵你喜欢的树前。

（1）帮助蒙上眼睛的小伙伴去探索他的树，感觉这棵树的与众不同之处。

"用脸颊轻轻蹭蹭树皮。"

这树是活的吗？你能抱拢它吗？树的年龄比你大吗？你能找到伴生植物吗？有动物的痕迹吗？有苔藓或昆虫吗？

（2）当你的小伙伴完成了他的探索，就迂回地把他带回起点（回来的路可以选择有趣的路线，领路人可以故意带他的小伙伴走过草丛，穿过灌木丛，并跨过地上假想的原木）。然后，摘掉眼罩，让你的小伙伴睁开眼睛去找刚刚摸过的那棵树。

（3）小伙伴找到了"他的树"，刹那间，满眼的森林变成了一棵棵充满个性、与众不同的树木的集合。

2.5 植物的智慧——老茎生花

有一些乔木和灌木的花直接在木质的树干和主茎上绽放（如可可树，图2.25），它们一簇簇的花、一串串的果是开在或结在树木的大枝丫、粗大的树干上，有的甚至长在树干的基部，这种策略叫老茎生花（图2.26），如我们常见的番木瓜、波罗蜜、榴梿、树葡萄等。

图2.25　可可树

2.5 植物的智慧——老茎生花

这一现象的形成与热带雨林特殊的环境有关。热带雨林植物种类特别多,处于中、下层的树木不能与上层植物争夺阳光,无法让鲜花高占枝头,它们就把花朵开在老枝和树干上,那里比较空旷,花朵更容易被昆虫发现和光顾,可获得较多的授粉机会,有利于繁衍后代。此外,其粗壮的树干也能承受果实的重压。老茎开花结果是植物在进化中逐渐适应生活环境而形成的生物现象。

番木瓜　　　　　　树葡萄　　　　　　可可

牛奶果　　　　　　波罗蜜　　　　　　榴梿

图 2.26　茎上生花的植物

知识充电站 13　橡胶：滴滴白乳汁铸就"压舱石"

橡胶树又名三叶橡胶树、巴西橡胶树，原产于南美洲亚马孙河流域，属大戟科，为落叶乔木，高可达 30 米，三叶橡胶树喜高温、高湿、肥沃的酸性砂壤土，根系浅，不耐风，不耐寒。主要分布在亚洲、非洲、大洋洲、美洲的热带地区。我国橡胶种植主要分布在云南、广东、海南。

橡胶树所产生的天然橡胶（图 2.27），与钢铁、煤炭、石油并称为四大工业原料，也是其中唯一的可再生资源，有很强的弹性和良好的绝缘性、可塑性、隔水隔气、抗拉和耐磨等特点，广泛应用于国防、交通运输、机械制造、医药卫生等领域，下游产品多达 7 万余种。

1950 年朝鲜战争爆发，以美国为首的帝国主义对我国实行经济封锁，禁止天然橡胶进口。

当时，国外植胶权威已将橡胶树种植地区限于赤道以南 10°到赤道以北 15°之间的地区，我国位于非传统植胶区。当时全国的植胶面积为 2 800 公顷，仅有约 120 万株橡胶树。我国天然橡胶的供给已经到了被"卡脖子"的地步，严重影响相关工业的发展。

经过几十年的不断努力，我国橡胶工作者经过生产实践和科学实验，进行了大量开创性的工作，创造出了一整套具有自身特色的橡胶栽培技术和初加工方法，成功地创造了在北纬 18°~24°范围内大面积植胶的奇迹。这项成果，获得了国家科学技术进步奖一等奖。

图 2.27　橡胶割胶

3

斑斓的叶子

3.1 叶子的形状

叶,一种扁平的、通常为绿色的结构,与植物的茎直接相连或通过叶柄相连,是进行光合作用和蒸腾作用的部位。图 3.1 为琴叶榕叶片。

图 3.1 琴叶榕叶片

叶形

叶形就是叶子的形状,每种植物叶片形状都有不同特征,可以用来识别植物种类(图3.2、图3.3)。

图 3.2　不同植物的叶形

图 3.3　不同番薯品种的叶形

叶脉

叶脉是指植物叶子上各种形状的纹络，按其分出的级序和粗细可分为主脉、侧脉和细脉3种，多分布在叶肉组织中。叶脉在叶片上分布的样式称为脉序，可分为3种：叉状脉、网状脉和平行脉（图3.4）。叶脉有输导和支持的作用，叶脉与植物茎干共为植物养分的"运输工"。

图 3.4　植物的叶脉类型

单叶与复叶

叶片分为单叶和复叶两类，每片叶上只有一片叶片的被称为单叶，每片叶上有两片或以上的被称为复叶（图 3.5）。

奇数羽状复叶（鬼针草）　　　　偶数羽状复叶（花生）

二回羽状复叶（含羞草）　　　　掌状复叶（鹅掌藤）

掌状三出复叶（菊花）　　　　单身复叶（柚子）

图 3.5　植物的复叶类型

【实验11】 认识叶形、叶脉

目的：了解植物的叶形、叶脉。

材料：多种植物的叶子、A4（卡）纸、笔。

步骤：寻找叶片，对照本节的叶形（图3.6）和叶脉图（图3.7），将不同类型的叶片贴在A4纸上，并写出植物名、叶形和叶脉类型。

讨论：

（1）同一棵植株上的叶子一样吗，为什么？

（2）为什么植物的叶子是这个形状呢，有什么作用吗？

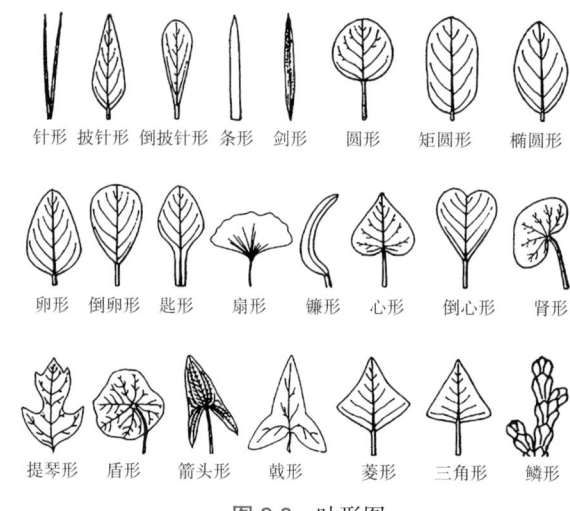

图3.6 叶形图

图3.7 叶脉图

知识充电站 14　滴水叶尖

为了抵御暴雨,很多热带雨林植物的叶都形成了滴水叶尖——叶片尖而长,水可以迅速排走(图 3.8、图 3.9)。这样做的具体好处还不清楚,但一些研究者认为滞留在叶上的雨水可能会导致有害真菌、藻类或细菌的生长,另一些研究者则相信排走雨水有助于叶调节温度,或避免水滴反射阳光而妨碍光合作用。

图 3.8　彩叶芋

图 3.9　红掌

3.2 叶子的变态

植物叶的基本功能是光合作用和蒸腾作用，但有些植物为了适应周围环境或更好地生存繁衍，叶的外形或功能也会发生或多或少的改变，这种现象称为"叶的变态"，而发生了变态行为的叶称为"变态叶"。

肉质叶

几乎没有植物在长时间缺水的情况下仍能存活，但是多肉植物却可以在膨大的叶或茎中贮存水分，把每一滴水都保存起来（图3.10）。叶不仅可长有致密而防水的蜡状角质层，而且其气孔常常陷入叶表，减弱周围空气的流动，增加周围的湿度。和大多数植物不同，多肉植物在夜晚才打开气孔，这样可以让炎热的白天因蒸发导致的水分损失减至最小。

图 3.10　玉缀

叶卷须

叶卷须是变态叶中的一种，为纤细的线状构造。具有卷须的植物体往往木化程度低，机械组织发育不良，借卷须缠绕他物而使植株保持直立。由叶、托叶或叶柄等变态特化而成的卷曲攀缘器官，如铁线莲、豌豆苗（图3.11）。

图 3.11　豌豆苗

捕食动物的叶

食肉植物捕食动物，以获取土壤中缺乏的矿质营养，它们各自演化出了诱骗猎物的方法，如猪笼草的叶可以突然闭合而囚禁住昆虫（图3.12）。

图 3.12　猪笼草

叶刺

很多植物在叶上有叶刺,这些部位包括叶柄和形状如叶的托叶。叶刺的主要功能是防御动物。仙人掌科植物(图3.13)把它们所有的叶都变成了叶刺,这样叶表面积有很大缩减,可以减少因蒸发造成的水分损失。

图 3.13　仙人掌

花状叶

三角梅(图 3.14)观赏部分变态叶子(平时我们认作"花瓣")称苞叶,中间几根火柴棍儿似的才是真正的花。三角梅花小,为了吸引昆虫的注意,故把叶子变成花苞。此类花还有红掌(图 3.15)、一品红等。

图 3.14　三角梅

图 3.15　红掌

【实验 12】 叶脉书签制作

目的：了解植物的叶脉。

材料：不同叶脉类型的叶子、废旧牙刷、纸、10%的氢氧化钠、镊子（玻棒）、锅、手套、书签冷裱膜、剪刀。

步骤：

（1）选择叶片。在叶片充分成熟并开始老化的夏末或秋季选叶制作。选择叶脉粗壮而密的树叶。

（2）用10%的氢氧化钠溶液煮叶片。在不锈钢锅或铁锅内将配好的碱液煮沸后放入洗净的叶子适量，再煮沸，这时常用镊子或玻棒轻轻翻动，防止叶片叠压，使其均匀受热（注意：开窗通风，因为煮叶片时有味道）。

（3）煮沸5分钟左右，待叶子变黑后，捞取一片叶子，放入盛有清水的塑料盆中，小心翼翼地用清水洗净（注意：一定不要用手直接取放叶子，防止氢氧化钠腐蚀手面，可用镊子或夹子取放）。

（4）当把叶片上残留的碱液漂洗干净后取出，把叶片平铺在一块玻璃上，用小试管刷或毛质柔软的旧牙刷轻轻顺着叶脉的方向刷掉叶片两面已烂的叶肉，一边刷一边用小流量的自来水冲洗，直到仅留下叶脉。

（5）刷净的叶脉片，漂洗后放在玻璃片上晾干。当晾到半干半湿状时涂上所需的各种染料，然后夹在旧书报纸中，吸干水分后取出。

（6）将叶脉过塑，剪成叶片相应的形状，即是叶脉书签了。

知识充电站 15 　光合作用

叶子的主要生理功能：光合作用、蒸腾作用、繁殖作用、吸收作用。

绿色植物吸收阳光的能量（主要在叶片内），利用二氧化碳和水合成有机物质，并释放氧，这个过程称为光合作用。光合作用是生物体内所有物质代谢和能量代谢的基础，在新陈代谢各个途径中占有独特的地位，对自然界的生态平衡和人类的生存都具有极为重大的意义。

在光合作用中，植物叶绿素起着关键作用，叶绿素是一种绿色的色素，能吸收太阳光谱中的红、橙、黄、蓝等颜色，对绿色光谱的吸收最弱，所以大多数叶片都是绿色的。

知识充电站 16　蒸腾作用

蒸腾作用是水分以气体状态从生活的植物体内散失到大气中的过程。它在植物生活中有着积极意义：蒸腾作用是根系吸水的动力之一。根系吸收的矿物质，主要是随蒸腾液流上升的，蒸腾作用对矿物质元素在植物体内的运转有利。蒸腾作用可以降低叶片的表面温度，使叶片在强烈的日光下不致因温度过高而受损害。影响植物蒸腾的环境因素包括光照、温度、湿度和风速。

知识充电站 17　甘蓝家族

《说文解字》："蓝，染青草也"，它本指菘蓝，甘蓝的叶子和菘蓝一样是漂亮的青绿色，而吃起来甘脆可口，于是美其名曰"甘蓝"。

甘蓝，十字花科芸薹属，原产欧洲，是一种非常古老的蔬菜，在3 000多年前的古希腊罗马时代，人们就开始把它们做成美味佳肴了。

甘蓝是两年生植物。它一般会在第一年春末发芽，赶冬天来临之际长满叶片，用厚厚的叶片和粗粗的茎越冬。然后，等到第二年春天的温暖来临之际，它便从叶丛中抽出长长的花薹，开出灿烂的黄色花朵。春末夏初，长长的角果成熟开裂，种子散尽，甘蓝的一生就这样结束了。

甘蓝这种习性是和地中海气候有关的。地中海的夏天炎热干旱，雨季集中在秋冬，而甘蓝非常喜欢湿润，于是为了获得水分它就把自己的生长季节选在秋天，把开花结果选在了春天。

野甘蓝口感很差，肉质硬且柴，经过千百年的选育，野甘蓝出现了各种各样的变种，如紫甘蓝（图3.16）、花椰菜（图3.17）、苤蓝、抱子甘蓝、芥蓝、羽衣甘蓝（图3.18）。

图3.16　紫甘蓝

图3.17　花椰菜

羽衣甘蓝叶子边缘变成密集的波浪形，褶皱如同花瓣，外部的叶片依然蓝绿而内部的叶片通过变异呈现出白色、粉色、淡黄色、紫色（图3.19），结果整个植株形如巨大的牡丹花一般。羽衣甘蓝比较耐寒，可以抵御多次霜冻，因此它成为北方秋季初冬用来装点花坛的好材料（图3.20、图3.21）。

图 3.18　食用羽衣甘蓝

图 3.19　观赏羽衣甘蓝

图 3.20　陕西考古博物馆羽衣甘蓝造景

图 3.21　羽衣甘蓝造景

3.3　斑斓叶色

植物叶子呈现的颜色是叶子各种色素的综合表现，其中主要是绿色的叶绿素和黄色的类胡萝卜素两大类色素之间的比例。高等植物叶子所含色素的数量与植物种类、叶片老嫩、生育期和季节有关（图3.22）。

图 3.22　色彩斑斓的叶片

一般来说，正常叶子的叶绿素和类胡萝卜素的分子比例约为3∶1，叶绿素a和叶绿素b也约为3∶1，叶黄素和胡萝卜素约为2∶1。

绿叶：绿色的叶绿素比黄色的类胡萝卜素多，所以，正常的叶子总是呈现绿色。

黄叶：秋天、条件不正常或叶片衰老时，叶绿素较易被破坏或降解，数量减少，而类胡萝卜素比较稳定，所以叶子呈现黄色。

红叶：因秋天降温，体内积累了较多糖分以适应寒冷，体内可溶性糖多了，就形成较多的花色素（红色），叶子就呈红色。

大部分植物的叶子呈现绿色，是因为叶肉细胞的叶绿体中含有大量的光合色素，光合色素对绿光吸收最少，所以叶片就呈现绿色。除此之外，还有彩叶植物。

彩叶植物：是指其叶片在正常生长季节、生长季节的某个阶段或休眠期，呈现由遗传基因控制的非绿色单色叶和多种叶色组成的复色植物，以及随着季节的变化而呈现不同色彩的变色叶植物的统称。

常色叶植物：整个生长期内叶片一直为除绿色之外的其他颜色，如紫苏（图3.23）、朱蕉。

季相彩叶植物：叶片随着季节的变化而呈现不同的色彩。

新色叶类：该类植物新叶颜色美丽可观，如红鳞蒲桃（图3.24）、杧果等。

老色叶类：该类植物即将脱落的老叶颜色鲜艳美观，如杧果（图3.25）、银杏、红花檵（jì）木（图3.26）等。

斑彩色叶植物：叶片呈现彩边、花斑等特性。叶片表面存在多种颜色，以规则或不规则的斑点、斑块等形式构成特定形状，如花叶木、竹芋（图3.27）等。

图3.23 紫苏叶（正面/背面）

图3.24 红鳞蒲桃（嫩叶及成熟叶）

图 3.25 杧果树叶（嫩叶、成熟叶、老叶）

图 3.26 红花檵（jì）木（成熟叶及老叶）

图 3.27 竹芋（不同品种的成熟叶）

【实验 13】 制作植物"比萨"

目的： 了解叶子的组成成分及颜色；体会叶色之美。

材料： 校园中的落叶、枝条等。

步骤：

将学生按一定数量分组，每组到校园收集各种颜色的叶子和树枝，利用枝条分成和小组一样多的等分，再将叶子按颜色分类摆在不同区块中，制作每组自己的"比萨"（图 3.28、图 3.29）。

图 3.28 将枝条分成几等分

图 3.29 三角梅"比萨"

讨论：

（1）寻找并认识黄色和红色的落叶。

（2）所有植物都是秋天落叶吗？观察身边植物的落叶规律。

【实验 14】 寻找秋天

目的： 了解叶子老熟脱落时的颜色，寻找秋天落叶的景象。

材料： 校园中的植物。

步骤：

（1）到校园中寻找不同的植物老叶。

（2）将寻找到的老叶按颜色归类。

（3）分析总结老叶主要的颜色及其可能的成因（图 3.30）。

讨论：

秋天的叶子有哪些颜色变化？叶子颜色变化跟气温有什么关系？

图 3.30　葡萄秋冬季叶片变黄

知识充电站 18　一片树叶的故事（茶）

"未知东郭清明酒，何似西窗谷雨茶。"

茶树，是山茶科山茶属常绿灌木植物，常呈丛生灌木状，叶薄革质，椭圆披针形或长椭圆形，叶柄短，先端钝尖，花成聚伞花序，白色，蒴果球形，种子棕褐色（图 3.31、图 3.32）。

图 3.31　茶园

图 3.32　茶树嫩芽

茶,作为"世界三大饮料之一",在人们的生活里扮演着重要角色。人们喝茶、品茶,一则是不喜欢没味道的水,茶叶有香气、有颜色、有味道;二则茶叶能使人心静,提神醒脑。

茶叶,依据品种和制作方式及产品外形分成六大类:红茶、绿茶(图3.33)、黄茶、白茶、乌龙茶、黑茶;依据季节采制可分为春茶、夏茶、秋茶、冬茶;以各种毛茶或精制茶叶再加工形成再加工茶,包括花茶、紧压茶、萃取茶、含茶饮料等。

茶叶中含有儿茶素、胆甾烯酮等成分,可降低胆固醇,防止动脉粥样硬化,对辐射、癌症等也有较好的预防作用。

茶叶源于中国,最早是被作为祭品使用的,但从春秋后期就被人们作为菜食,在西汉中期发展为药用,西汉后期才发展为宫廷高级饮料,普及民间作为普通饮料是西晋以后的事。

中国人民不但最早发现并利用茶叶,还拥有世界上最多的茶叶品种,世界各地的栽培技艺、制茶技术、饮茶习惯等都源于中国。推荐观看纪录片《茶,一片树叶的故事》。

(a)红茶的干茶、茶汤、茶底;(b)绿茶的干茶、茶汤、茶底(从左到右)

图3.33 红茶和绿茶

【实验 15】 识别六大茶类

目的：

（1）了解茶在历史上的地位。

（2）认识不同茶类。

材料： 六大茶类的代表性茶样、纯净水、煮水壶、盖碗、公道杯、茶杯。

步骤：

（1）讲解茶叶知识，认识茶。

（2）将学生分成6组，每组一个茶样冲泡，一共6个茶样；各个小组相互分享自己冲泡的茶（图3.34）。

讨论：

（1）茶饮料跟纯茶的区别。

（2）凉茶是茶吗？什么叶子都可以加工成茶吗？

图3.34 干茶、冲泡、分茶

4 花花世界

花为种子植物特有的繁殖器官,通过开花、传粉、受精过程形成果实和种子,执行生殖功能,繁衍后代(图4.1 秋石斛的花、图4.2 睡莲的花)。

图4.1　秋石斛

图4.2　睡莲

4.1 花的组成

根据花的构造，可以分为完全花和不完全花两类。

完全花：指在一朵花中，花萼、花冠、雄蕊、雌蕊4部分俱全的花，如牵牛花、桃花（图4.3）、杏花、梨花、蔷薇花、玫瑰花、月季花、水仙花等。

不完全花：指在一朵花中，花萼、花冠、雄蕊、雌蕊4部分中缺少一部分或几部分的花，如南瓜花、黄瓜花、杜鹃花、紫茉莉等。

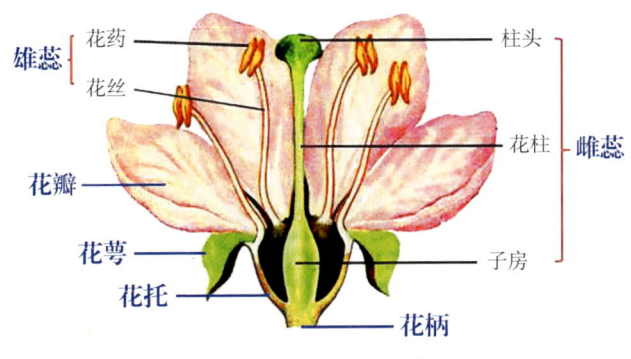

图4.3　花的基本结构

根据雌雄蕊具备与否，把花分为3类。

两性花：雌雄蕊都具备的花，如桃花、杏花、梨花、蔷薇花、玫瑰花、柚子花、百合花（图4.4）。

图4.4　两性花

单性花：仅有雌蕊或雄蕊的花，如南瓜花（图4.5）、黄瓜花。

无性花：花中无雌蕊和雄蕊，如向日葵边缘的舌状花、绣球花（图4.6）。

南瓜雄花

南瓜雌花

图 4.5　单性花

向日葵边缘的舌状花

绣球花

图 4.6　无性花

【实验 16】 解剖一朵花

目的：了解花器官及完全花和不完全花分类。

材料：素描纸、朱槿（图 4.7）、胶带、镊子、解剖刀。

步骤：

（1）分小组，4 人一组。

（2）选取朱槿，先将花瓣一片片掰下，观察去除花瓣后的结构。

（3）将花器官竖切观察其结构。

（4）将拆分的花器官粘贴在 A4 纸上指出相应器官的名称（图 4.8）。

讨论：

花器官由什么组成，观察自己身边的花，哪些是两性花、单性花、无性花，哪些是雌雄同体的花，哪些是雌雄异体的花。

图 4.7　朱槿

图 4.8　朱槿解剖结构

4.2 花样百出

植物学家用多种方式把花分类，如有时是根据它们生殖器官的排列方式，有时是根据某些结构是否存在。最有用的方法之一是根据花的形状分类，这种分类方法首先要看花形是否对称，然后检查花瓣（合起来叫花冠）的排列方式，这是它们最初的分类起点。

花冠，是一朵花中所有花瓣的总称，位于花萼的上方或内方，排列成一轮或多轮，多具有鲜亮的色彩，花开放以前保护花的内部结构，花开放以后靠美丽的颜色招引昆虫前来传粉。因形似王冠，故称之为"花冠"。

花被的对称类型

辐射对称花：一朵花的花被片大小、形状相似，通过它的中心可以有2个以上对称面，如蔷薇（图4.9）、桃花、向日葵等。

两侧对称花：一朵花的花被片大小、形状不同，通过花中心时，只有一个对称面，如兰科植物香荚兰（图4.10）。

图4.9 辐射对称（蔷薇）

图4.10 两侧对称（香荚兰）

4.2 花样百出

完全不对称花：一朵花的花被片大小、形状不同，这种花通过它的中心一个对称面也没有，如美人蕉、三色堇、鹤望兰（图 4.11）。

图 4.11 完全不对称（鹤望兰）

花冠类型

由于花瓣分离或连合、花瓣形状、花瓣大小、花冠筒长短不同，形成各种类型的花冠，主要有以下几种（图 4.12）。

高脚杯形

高脚杯形（外张的花瓣垂直于管部），如长春花

轮形

轮形（扁平，轮状的花冠），如茄子花

图 4.12 花冠类型

图 4.12（续）

图 4.12（续）

【实验 17】 植物拓染

目的：观察花卉的颜色，以及拓染颜色的差别。

实验原理：花卉的花瓣细胞破裂后，花卉的色素转染至布上面，再用明矾将色素固定。

材料：朱槿、大花马齿苋、橡胶锤、镊子、透明胶带、剪刀、明矾、一次性水杯、帆布袋（图 4.13）。

图 4.13　植物拓染材料

步骤：

（1）将明矾放入一次性水杯进行溶化。

（2）把植物放至水杯中4～5分钟。

（3）按照个人爱好设计造型，将植物摆放在帆布袋上（图4.14）。

（4）用透明胶带粘住花材，用橡胶锤捶打花卉，让花卉的色素释放出来。

（5）去除透明胶带，并用镊子把上面的花卉去除（图4.15）。

讨论：

观察拓染前花卉的颜色和拓染在布料上花卉的颜色，有什么差别？

图4.14 在帆布袋上摆花卉造型

图4.15 拓染成品

4.3 花的颜色

花的气味、大小和形状在吸引传粉者时都扮演着重要角色，但花色无疑是引起传粉者注意的最重要的方式之一。

为了与传粉者的视觉偏好相匹配，植物演化出了五颜六色的花，能构成一道"彩虹"。虽然很多颜色是昆虫和鸟类都可以看到的，但传粉者感知这些颜色的方式并非完全相同。

科学家发现，在植物花朵含有的色素中，类胡萝卜素比较稳定，并不会对酸碱作出什么指示性反应，因此，含类胡萝卜素多的花能够稳定显示出黄色（图4.16）与橙色。

但花青素很不稳定，自然界中鲜花颜色的丰富多彩与它的这一特性密切相关。花青素对酸碱很敏感，只要酸碱度稍微变化，它的颜色就会随之改变。在pH值呈酸性时，它会变成红色（图4.17、图4.18），酸性愈强，颜色愈红；在pH值为中性时，它呈现紫色；在pH值呈碱性时，它会变成蓝色（图4.19），碱性较强时，则变成蓝黑色。

图4.16 油菜花，黄色，对蝶类、蜜蜂类、食蚜蝇和胡蜂类有吸引力

图4.17 山茶花，红色，为鸟类所钟爱

自然界中的花以白色（图 4.20）居多，其次是黄、红、蓝、紫、橙，少见的是绿色（图 4.21），几乎没有黑色，这是为什么呢？

如果花朵不含任何色素，花瓣会呈自然白色，而黑色能吸收光波，黑色的花易受光波照射的伤害，因而被自然界逐渐淘汰，这是大自然在生物进化过程中选择的结果。

图 4.18　草莓，粉红色，为蝶类和一些蛾类所偏爱

图 4.19　蝶豆花，蓝色，很容易被蜜蜂类看到

图 4.20　咖啡，白色，吸引夜行性的蛾类和甲虫，也吸引蝶类和蝇类

图 4.21　绿色的菊花，不太容易吸引昆虫注意

【实验18】 花色指示剂

目的：了解调节色素的pH会改变色素的颜色。

材料：蝶豆花、白醋、小苏打、水。

步骤：

（1）把蝶豆花花瓣掰成单朵花瓣。

（2）将花瓣放入白醋中1分钟。

（3）观察花瓣的颜色变化。

（4）将花瓣放入小苏打水中1分钟。

（5）观察花瓣的颜色变化。

讨论：

滴加白醋和小苏打后，观察溶液的颜色变化（图4.22）；如果再往已经加过白醋的花瓣上滴加小苏打，观察颜色会有什么变化？

图4.22 蝶豆花花色指示剂（左原花色，中加白醋后呈红色，右加小苏打后变回蓝色）

知识充电站 19　人民币上"有钱花"

第九套人民币上的"有钱花"（图 4.23），这些象征着财富的植物选取的依据不仅仅是观赏价值，也具有一定的文化价值和代表意义。

兰花 质朴文静，淡雅高洁，为"花中四君子"之一。		
水仙花 叶姿秀美，清秀典雅，雅号"凌波仙子"。		
月季 婀娜多姿，炫彩瑰丽，被誉为"花中皇后"。		
荷花 出淤泥而不染，品性高洁，号称"花之君子"。		
菊花 迎风斗霜，从容狂放，为"花中四君子"之一。		
梅花 凌寒独立，自强不息，为"花中四君子"之一。		

图 4.23　人民币上的花

4.4 花的传粉策略

植物深谙物竞天择、适者生存的自然法则，它们进化出千奇百怪的传粉方式，这是大自然的生存智慧。聪明的植物擅用外力完成传粉大计。

当花蕊发育成熟后，花冠和花萼张开，露出雄蕊和雌蕊，这一过程叫开花。花开放后，雄蕊的花药破裂，花粉散出，落到雌蕊的柱头上，这一过程叫传粉。在自然条件下，传粉包括自花传粉和异花传粉两种形式。传粉媒介主要有昆虫（蜜蜂、甲虫、蝇类和蛾等）和风。此外，蜂鸟、蝙蝠和蜗牛等也能传粉。

自花传粉：一朵花的雄蕊产生的花粉粒，落在同一朵花雌蕊的柱头上，如豌豆。

异花传粉：借助外力作用，一朵花的雄蕊产生的花粉粒，落在另一朵花雌蕊的柱头上。

花传粉的过程堪称自然界的奇迹，花传粉的智慧策略包括鸟媒、虫媒、风媒、水媒等。

鸟媒花：依靠鸟类传粉的花卉被称为鸟媒花。在亚洲，鸟媒花通常以红色为主，气味不明显，花蜜在清晨或傍晚分泌，花蜜量较大，花缺少指引昆虫的蜜源标记，而亚热带或高海拔地区温度相对较低，不利于传粉昆虫活动，低温期开花的种类常需要鸟类来帮助传粉。

鸟类传粉现象广泛存在于被子植物中，多出现在花冠发达尤其是花冠多少合生的类群中，例如，利用蜂鸟传粉的红半边莲、红花银桦，利用太阳鸟传粉的腰果、椰树等。

鹤望兰是典型的鸟媒花，花长得特别像一只颜色绚丽的鸟，它通过模拟鸟类形态来吸引鸟类（图 4.24）。花蜜储藏在花瓣深处，当吸食花蜜的鸟类来吃花蜜时，它们的爪子会紧紧抓住鹤望兰的花瓣，用力将花瓣张开，在吸食到花蜜的那一刻，里面的花粉也会喷涌而出，喷到鸟的脚上。

虫媒花：花粉很轻、花被鲜艳、花蜜甜美（图 4.25）。

雄蕊能产生高能量的花粉，同时花的蜜腺可以分泌香甜的花蜜，大大的、艳丽的、具有迷人香味的花瓣似乎在为提供免费食物和饮料"做广告"，目的是吸引饥饿的访花者。传粉的昆虫有蜂类、蝶类、蛾类和蝇类。

图 4.24 鸟媒花（鹤望兰）

量天尺（火龙果）　　　桃花　　　玫瑰花

图 4.25　虫媒花

风媒花：有些花的雌花和雄花是分开的，当风吹来的时候，雄花的花粉就会随着风飞起沾到雌蕊上，从而完成授粉。水稻、柳树、玉米等的花都依靠风力来授粉（图 4.26）。因为有风的帮助，它们就不需要吸引昆虫，所以这些花都很朴素，花粉轻且多、花小而不鲜艳、花被退化或不存在、没有香味和蜜腺。

水稻的花　　　柳树的花　　　玉米的花

图 4.26　风媒花

水媒花：很多水生植物都是利用水流来授粉的，称为水媒花。水生被子植物中的金鱼藻、黑藻、海菜花（图 4.27）等都是借水力来传粉的，如苦草属植物是雌雄异株的，它们生活在水底，当雄花成熟时，大量雌花的花柄会迅速延长，把雌花顶出水面，当雄花飘近雌花时，两种花在水面相遇，柱头和雄花花药接触，完成传粉和受精过程，之后雌花的花柄重新卷成螺旋状，把雌蕊带回水底，进一步发育成果实和种子。

图 4.27　水媒花（海菜花）

【实验 19】 人工授粉

目的：了解雌雄异花授粉原理，掌握授粉方式。通过大自然的亲身探究，体验收获的喜悦，通过花传粉的智慧，窥见生命的奥秘，链接自然的美好，感受生命的力量。

步骤：

（1）找一种雌雄异花的植物。

（2）摘一朵雄花蕊直接对到雌花蕊上面即可（图 4.28），或用毛笔蘸上雄花蕊的花粉，将它涂抹到雌花蕊上面。

（3）一个星期后观察授粉后的雌蕊变化。

讨论：

植物都需要人工授粉才能结果实吗？

图 4.28 南瓜花授粉

【实验 20】 压花书签的制作

目的：将植物材料，包括根、茎、叶、花、果、树皮等，经脱水、保色、压制和干燥处理，制成平面花材。再经过巧妙构思，将这些花材制作成一幅幅精美的装饰画、卡片以及生活日用品等植物制品，体现融合植物学与环保学于一体的艺术（图 4.29）。

材料：卡纸、流苏、冷裱膜、粉彩、牙签、打孔器、白乳胶、剪刀。

步骤：

（1）用压好的花材在卡纸上摆放进行创作。

（2）用白乳胶将摆设好的花材粘贴。

（3）用冷裱膜将卡纸封住。

（4）用剪刀剪去多余的冷裱膜。

（5）用打孔器在卡纸上打孔。

（6）用流苏对书签进行装饰。

讨论：

压花是什么？冷裱膜在压花书签中的作用是什么？

图 4.29　压花作品

知识充电站 20　植物开花的意义

植物开花的意义到底是什么（图 4.30）？

在人类的干预下，好像植物开花，

理所应当。

人类赏花，理所当然。

但，

植物开花真的是为了人类吗？

显然不是，

一朵花的盛开，

并不是为谁等待而开，

而是对生命的肯定，

开花，是对生命的诠释！

这才是开花的意义！

图 4.30　猪屎豆花

5

种子与果实

5.1 裸子植物与被子植物

植物的传播，无论是依靠风力、水力、动物和人类传播，还是依靠植物自身的爆发力进行传播，它们或者可以食用，或者不能食用，或者还会展现出令人匪夷所思的奇迹！

种子：植物的生殖单元，从中可以萌发出一个新植株。

果实：包裹植物种子的结构，有些是肉质香甜宜食（图5.1）。

裸子植物的种子在发育时周围没有子房，直接暴露在环境中，它们在球果内成熟，而不是在果实内成熟。

图 5.1　荔枝果实

裸子植物都是多年生木本植物，多数是乔木。花大都是单性的，一般呈球果状。最常见的球果是松柏类的木质球果，其鳞片在种子成熟时保护着种子。红豆杉属、刺柏属和银杏都是裸子植物。

裸子植物的种类分属于5纲：银杏纲、苏铁纲、红豆杉纲、松柏纲、买麻藤纲（图5.2）。

松果　　　　　　银杏　　　　　　圆柏

图 5.2　裸子植物的种子

知识充电站 21　松果

松树是裸子植物，种子直接暴露在环境中，那么，松果是由哪部分发育的？授粉到种子成熟需要多久？松果是由松树的雌性球果发育而来的。松树的雌性球果在受粉后，种子在鳞片中逐渐发育成熟，松果鳞片打开，种子被释放出来。一般来说，授粉到种子成熟需要 1～3 年，例如，白松约 1.5 年，而黑松则需要 2～3 年时间。

松果和巨大的苏铁球果结满了种子，但它们不能被认为是果实。真正的果实必须来源于真正的花，符合这一点的只有被子植物，因而被子植物常被称为"有花植物"。

知识充电站 22　银杏

银杏是裸子植物，外面那层肉是什么？银杏外面的那层肉是银杏的种皮。银杏的种子由3层结构组成：外种皮、中种皮和内种皮。外种皮是最外层的部分，通常呈现黄色或橙色，肉质柔软，但有黏性和臭味。中种皮是坚硬的壳，保护着内部的种仁。内种皮则紧贴在种仁的表面。需要注意的是，银杏外种皮中的一些成分可能对皮肤有刺激性，因此，处理银杏"果实"时最好戴手套，避免直接接触。

被子植物的种子是被包裹起来的，在子房中发育，子房后来形成果实。大多数被子植物是两性花，除了雄蕊和雌蕊以外，还有花冠和花萼，果皮在种子成熟过程中保护着发育中的种子（图5.3）。

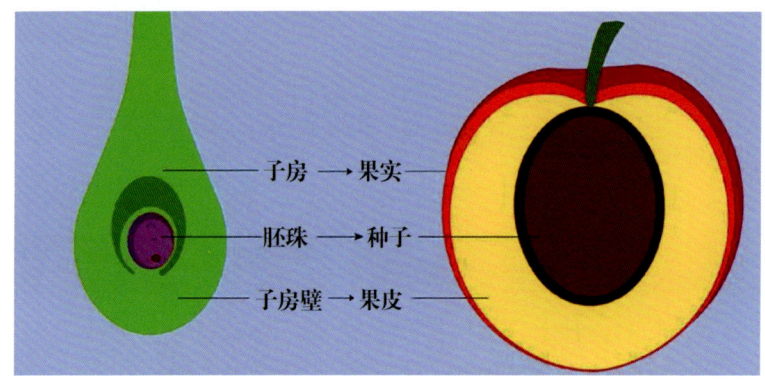

图 5.3　种子植物子房发育成果实图示

这多出来的一层也能作为食物，以吸引动物传播种子。种子的这层覆被形态变化多端，有的非常硬，如包被椰子种子的果皮，也有的非常脆，甚至乍一看好像一点用处都没有（图5.4）。

被子植物较裸子植物有极大的进化优势。据估计，被子植物有20多万种，而裸子植物约740种。被子植物的物种丰富度是裸子植物的200多倍。被子植物在数量上的优越性，反映在其生活型的多样化方面远超过了现存的与其亲缘关系较近的裸子植物。草本植物、乔木、灌木、藤本植物、攀缘植物、多浆植物、附生植物、寄生植物及食虫植物等各种类型的植物构成了自然界的奇观。

5.1 裸子植物与被子植物

椰子　　　　　板栗　　　　　鳄梨（牛油果）

图 5.4　被子植物果实

【实验 21】 收集种子

目的：收集观察日常生活中接触到的种子，留意种子就在身边，观察种子的形状。

材料：收纳盒 / 小自封袋、标签纸若干。

步骤：

（1）留意身边的种子植物，收集种子（图 5.5）。

（2）将收集的种子洗干净、晒干。

（3）放入收纳盒，记录标签（图 5.6）。

图 5.5　各类种子

```
种子名称：_____
采集时间：_____
采集地点：_____
```

图 5.6　种子标签

5.2 果实的类型

果实种类繁多，分类方法多种多样。根据果实来源，可分为单果、聚合果、复果（聚花果）三大类。

单果：1朵花中只有1个雌蕊发育成的果实称为单果，单果又可以分为肉质果和干果两类。

肉质果，果实成熟后肉质多汁，依果实的性质和来源不同又可以分为：浆果、柑果、瓠果、蔷薇果、梨果、核果（表5.1）。

表5.1 肉质果类型特征及图示

类型	特征	图片	代表植物
浆果	由具单一子房的单花果实，成熟时果皮肉质且不开裂		番茄、葡萄、牛油果、茄子、猕猴桃、火龙果
柑果（柑橘属）	果肉分隔成瓣的浆果，具有特殊的坚韧外皮		柑橘、柠檬、柚子、香橼、佛手
瓠果	外皮粗糙、果肉不分隔的浆果		黄瓜、南瓜、百香果、番木瓜、香蕉
蔷薇果	假果，其果肉并非由子房形成，里面的"种子"实为小瘦果		玫瑰

续表

类型	特征	图片	代表植物
梨果	种子被包裹在革质的果核中		苹果
核果	种子被包裹在木质的核中，一般只有一个种子		杏、桃、李、樱桃、杧果、腰果

干果，果实成熟后，果皮干燥，可以分为以下几种：瘦果、颖果、单翅果、双翅果、连萼瘦果、坚果、荚果、蓇葖果、弹裂蒴果、蒴果、孔裂蒴果、短角果、分果（表5.2）。干果是干燥的果实，依靠风、重力或动物的皮毛传播。

聚合果：指由花内若干离生心皮雌蕊聚生在花托上发育而成的果实，每一离生雌蕊形成一单果，根据聚合果中单果的种类，又可分为聚合瘦果如草莓（表5.3），聚合核果如悬钩子，聚合蓇葖果如八角，聚合坚果如莲。

聚花果：由整个花序发育而成的果实，如桑椹（表5.3）、凤梨、无花果、波罗蜜等。

果实与人类的关系极为密切。在人类的粮食中，绝大部分是禾本科植物的果实，如小麦、水稻和玉米等。人们常吃的果品，如苹果、桃、柑橘和葡萄等，它们富含葡萄糖、果糖与蔗糖，以及各种无机盐、维生素等营养物质。这些果实不仅鲜食美味可口，而且还能加工制成果干、果酱、蜜饯、果酒、果汁和果醋等各类食品。此外，在中国民间习用的中药材中，常用枣、茴香、木瓜、柑橘、山楂、杏和龙眼等果实或果实的一部分入药。

表 5.2　干果类型特征及图示

类型	特征	图片	代表植物
瘦果	果实仅含 1 粒种子，每一粒种子都由子房的一个心皮形成		向日葵
颖果（禾本科）	与瘦果类似，但外层的果皮与种子合生		玉米、小麦、燕麦
单翅果	具翅的瘦果，翅环绕着果实		金碟木、白蜡树、榆树、紫檀、
双翅果	由具两个心皮的花发育成的一对瘦果		槭树、红枫
连萼瘦果（菊科）	由整个子房形成的仅含 1 粒种子的果实		蒲公英属
坚果	果实有坚硬的果皮，不会开裂散出种子，常含一粒种子		核桃、橡子
荚果	由一枚心皮形成，沿两条缝线开裂		豌豆、花生

续表

类型	特征	图片	代表植物
蓇葖果	可簇生在一起,每个果实沿一条缝线开裂		八角
弹裂蒴果	会爆开弹出种子的分果		酢浆草、油菜
蒴果	蒴果有多室,可与其他类型的干果区分		大花紫薇
孔裂蒴果	长成有开孔的蒴果,种子由此散出		罂粟
短角果	在二心皮一室(但具假隔膜)的子房构成的角果中,宽度大而长度短的果实		荠菜
分果	由复雌蕊发育而成,果实成熟时按心皮数分离成2至多数各含1粒种子的分果瓣		苘麻

表 5.3　聚合果和聚花果特征及图示

类型	特征	图片	代表植物
聚合果	由具有多个心皮的单独一朵花形成		草莓
聚花果	很多小果合生为单独一个大果		桑椹

下面我们来给这些果实分类（表5.4）。

表 5.4　果实分类

种类	单果 / 聚合果 / 聚花果
龙眼	
荔枝	
牛油果	
桑椹	
橘子	
柠檬	
番石榴	
苹果	
梨	
西瓜	
黄瓜	
苦瓜	
黄豆	
小麦	
水稻	
菠萝	
榴梿	
无花果	
草莓	

【实验 22】 会冒泡的柠檬

目的：通过实验探究柠檬与小苏打的化学反应，了解酸碱中和的化学原理及其应用。

材料：柠檬、勺子、碟子、食用小苏打、玻璃棒。

步骤：

（1）切半个柠檬，用勺子捣出汁水，越多越好，放入盘中。

（2）用干净的勺子在柠檬上倒上几勺小苏打，用玻璃棒将小苏打和柠檬汁混合均匀，就可观察到柠檬不停地往外冒泡啦。

讨论：

为什么会冒泡？柠檬汁（柠檬酸）和小苏打（碳酸氢钠）混合时会发生化学反应，产生二氧化碳气体和水，这就是柠檬里出现的气泡。当加入洗洁精时，会产生更多的气泡，可以用实验产生的混合物擦拭课桌，它不但有清洁效果，还能让房间里充满柠檬清香。

【实验 23】 制作话梅青橘柠檬茶

目的：学习制作话梅青橘柠檬茶。

材料：小青橘、柠檬、红茶 / 茶包、冰糖、咸话梅。

步骤：

（1）柠檬切片、小青橘对半切，去掉种子。

（2）将柠檬、小青橘、少量红茶、冰糖、咸话梅放入锅中，加水煮开。

（3）倒入杯中，在杯中加入一片柠檬。

5.3 种子的结构

虽然种子的大小和形状千差万别,但是它们都有相同的基本结构。种子的表面有一层种皮,种皮可以保护里面幼嫩的胚。胚是新植物的幼体,由胚芽、胚轴、胚根和子叶组成。有的种子还有胚乳。根据成熟种子内胚乳的有无,将种子分为有胚乳的种子(图 5.7)和无胚乳的种子两类(图 5.8)。子叶或胚乳里含有丰富的淀粉等营养物质,这些营养物质供给胚发育成幼苗。

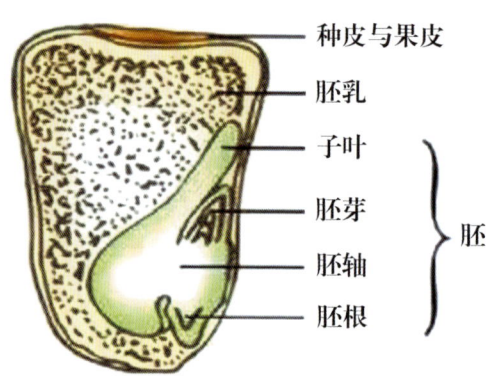

图 5.7 有胚乳的种子(玉米)

图 5.8 无胚乳的种子(豌豆)

【实验 24】 观察种子的结构

目的：认识种子的结构，学习观察种子结构的方法。

材料：浸软的豌豆（或大豆、蚕豆等）种子、浸软的玉米（或小麦等）种子、刀片、放大镜、滴管、稀碘酒。

步骤：

（1）观察豌豆种子的结构。

取一粒浸软的豌豆种子（图 5.9），观察它的外形；剥去种子最外面的一层薄皮——种皮，分开合拢着的两片子叶；用放大镜仔细观察子叶、胚根、胚芽和胚轴，对照下图进行观察，看看它们的形状和位置。

图 5.9 豌豆种子

（2）观察玉米种子的结构。

取一粒浸软的玉米种子（图 5.10），观察它的外形；用刀片将这粒玉米种子从中央纵向剖开；在剖面上滴一滴碘酒，再用放大镜仔细观察被碘酒染成蓝色的胚乳及未被染成蓝色的果皮和种皮、胚根、胚芽、胚轴和子叶，看看它们的形状和位置。

图 5.10　玉米种子

讨论：

豌豆种子和玉米种子的结构有哪些不同点和相同点？请你根据观察结果完成表 5.5。

表 5.5　豌豆种子和玉米种子的异同点

种子类型	不同点	相同点
豌豆种子		
玉米种子		

【实验 25】 种子活力测定

目的：通过种子活力测定，检测种子是否还有生命力，是否还能繁殖生长。

材料：玉米种子、镊子、刀片、培养皿、5% 红墨水、烧杯、滤纸。

步骤：

（1）将种子放在水里浸泡 2～6 小时，随机选取 30 粒。

（2）用刀片将种子沿胚部中轴一切为二，放在 2 个培养皿中。

（3）倒入红墨水染色 5～10 分钟。

（4）将溶液倒出，用清水冲洗种子 3 次。

（5）观察冲洗后的种子胚部着色情况，不着色或仅带有浅红色的，即为具有生命力的种子。如果胚与胚乳着色均为鲜红色，即表明该种子已经丧失了生命活力。

讨论：

为什么染上鲜红色的种子丧失了生命活力？依据是什么？

【实验 26】 种子发芽试验

目的：通过实验，探索了解种子发芽需要具备的条件。

材料：黄豆种子 40 粒、带盖盒子 4 个、餐巾纸 8 张、标签纸、清水。

步骤：

（1）在第一个盒子里，放入两张餐巾纸，然后放入 10 粒黄豆，拧紧盒子，置于室温环境。

（2）在第二个盒子里，放入两张餐巾纸，然后放入 10 粒黄豆，洒上少量水，使餐巾纸湿润，拧紧盒子，置于室温环境。

（3）在第三个盒子里，放入两张餐巾纸，然后放入 10 粒黄豆，倒入较多的清水，使种子淹没在水中，拧紧盒子，置于室温环境。

（4）在第四个盒子里，放入两张餐巾纸，然后放入 10 粒黄豆，洒上少量水，使餐巾纸湿润，拧紧盒子，置于低温环境。

（5）4 天后观察 4 个盒子黄豆的发芽情况。

讨论：

4 个盒子黄豆的发芽情况，分析原因，以组为单位，分析种子发芽需要的条件。

5.4　种子的传播（动物）

植物的根牢牢地扎在土里，不能像人类和动物一样去旅行。植物的种子是最主要的繁殖器官，不同的植物，其种子千差万别，种子们各自又有什么样的智慧，移动到其他地方生根发芽呢？

对一些树种来说，传播的过程很简单，只需要让种子从母株掉落到肥沃的地面上即可；对另一些植物来说，这个过程意味着要"搭便车"，种子所搭载的媒介包括风、水、鸟类、昆虫、哺乳动物、人类，甚至还可以进到动物肚子里，再排泄到离它们的植株千里之外的地方。

动物取食传播

樱桃、草莓、葡萄、西瓜、番茄、野山参等肉果类植物（图5.11），靠小鸟或其他动物把种子吃进肚子，由于消化不掉，便随粪便排出来传播到四面八方。而人类在取食这些美味水果时，往往会把果核随手抛弃，无意中也就成了种子传播的"使者"。

哺乳类和鸟类都会吃种子，通过排泄或藏匿来散播种子。不过它们偏好的颜色各不相同，研究表明，鸟类偏爱红色和黑色的种子，而哺乳动物主要取食橙、黄、褐色的种子。

动物"快递员"

为了避免植物过于拥挤，植物必须尽可能地把种子散播到广阔的地域。有的干果很"黏人"，表面长有钩、倒刺刚毛或能把人刺痛的刺，可以挂在动物（或人）的身上（图5.12）。只有当这些果实被蹭掉、挤碎或撕裂时，它们才会散播出种子，而这时它们已经被带到数千米之外了。

5.4 种子的传播（动物）

| 草莓 | 葡萄 |
| 西瓜 | 番茄 |

图 5.11 动物取食传播的肉果类植物

图 5.12 利用动物"快递员"的植物

知识充电站 23　蔬菜和水果，你们更爱哪个？

大部分同学都喜欢水果，但蔬菜是各有所爱，为什么呢？同学们能分享一下自己的想法吗？

我们吃的蔬菜大部分是植物的叶子或根。叶子需要进行光合作用，根需要为植物储存营养。对于植物来说，它们都是非常重要的组成部分。如果蔬菜会说话，它一定会告诉我们："我才不想被你们吃掉呢！"因此，植物为了保护叶子或根不被吃掉，常常会使一些"小心机"。那些不喜欢吃菜的人通常就是对蔬菜的某些"小心机"（如苦味，或其他一些奇怪的味道等）非常敏感。

图 5.13　番茄

水果们，如番茄（图 5.13）吃起来大都甜甜的，闻起来也是香香的。因为水果是植物的果实，而果实的使命就是代替不能移动的植物把种子播撒出去（果实是种子的旅行箱）。"拜托你们吃掉我的果实，替我把种子播撒到土壤里吧！"这才是植物的真心话。

【实验 27】 水果茶的制作

目的：学习水果茶的制作，了解水果的多种用法。

材料：草莓、苹果、菠萝、柠檬、红茶、蜂蜜、开水、茶壶。

步骤：

（1）草莓、苹果、菠萝切丁，柠檬切片。

（2）除柠檬以外的所有水果都放入茶壶中。

（3）放入红茶。

（4）加入适量的开水，焖 3 分钟让水果散发出水果香。

（5）待水壶温热时，放入柠檬片和蜂蜜，搅拌均匀，直接饮用即可。

讨论：

除了上述水果，还可以用哪些水果制作水果茶呢？

【实验 28】 水果发电小实验

目的：了解水果发电的原理。

材料：铜片 4 个、锌片 4 个、导线 5 根、橙子 1 个、LED 灯泡。

步骤：

（1）3 根导线，每根导线两端分别连接 1 个锌片和 1 个铜片。

（2）将橙子切开，分成 4 瓣。

（3）导线的两端分别插在两瓣橙子上，按铜片 – 锌片 – 铜片 – 锌片的顺序插在橙子里面。

（4）将最后两根导线连接锌片（铜片）的一端插入橙子里（注意不要弄错正负极），另一端连接 LED 灯泡。

（5）观察（可关灯观察）发现，LED 灯发光了！是不是很神奇？

讨论：

水果是如何实现发光的？

【实验 29】 趣味水果小实验

目的：观察切开苹果后的氧化与抗氧化现象。

材料：柠檬、苹果、水果刀。

步骤：

（1）苹果切成两半。

（2）刚切开的两半苹果中，其中一半抹上柠檬汁，另一半不抹。

（3）等待 30 分钟，观察它们的变化。

讨论：

为什么一半苹果和刚切开时差不多，另一半苹果已经发黄（图 5.14）？

刚切的苹果，左边没抹，右边抹了柠檬汁

半小时后，左边没抹柠檬汁的部分变褐，右边抹上柠檬汁的部分跟原来一样

图 5.14 抹上柠檬汁和不抹柠檬汁的苹果对比

5.5 种子的传播（风）

风力传播

风力传播的植物数量庞大，而且遍及裸子植物和被子植物两大类。风力传播的种子进化成翅膀、羽毛、降落伞等形状，能够借助于空气进行传播。

有翅的种子

母株和种子之间保持足够远的距离，这对需要较大生长空间的乔木来说至关重要。槭属及其他许多树种在果实或种子上演化出了伸长的翅状附属物，这可以让它们乘着微风飘到非常远的地方。所有带翅的果实都叫翅果，不管是滑翔、旋转还是飘浮，它们都是空中的"冒险家"（图5.15、图5.16）。

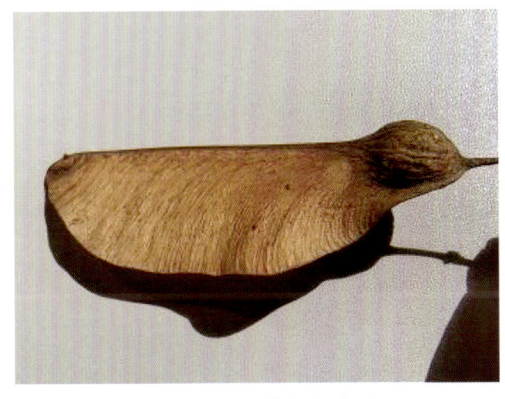

图5.15　金碟木的种子

图5.16　槭树的种子

带"降落伞"的种子

很多植物用风来散播种子。在没有树木的草原，风会很大，于是很多植物就借助风力让种子飘得很远。为了提供足够的托举力，风传播的种子需要一面"帆"或"降落伞"（图5.17、图5.18）。种子由风传播的植物常常把花举得很高，这样当种子成熟时就可以抓住刮风的机会。

图 5.17 蒲公英的种子

图 5.18 夜来香的种子

5.6 种子的传播（自体、水）

爆炸的果实

有些植物主动担负起自己种子的传播工作。爆炸的果实可以把种子发射到离母株很远的地方，这样种子就可以落在不那么拥挤的生境之中。大部分植物依靠果实内积蓄的压力把种子弹射出去。

蒴果可以通过死亡组织吸湿运动爆炸，如豆科植物的荚果通常都会"爆炸"，在这个过程中单心皮的两半部分向相反的方向扭曲，分别喷射出自己的种子，如黄豆、豆薯、海红豆等。

多肉的果实可以通过活组织建立液压直到种子爆发出来为止，如凤仙花和酢浆草（图5.19）。

豆薯　　　　　　　　　海红豆

凤仙花　　　　　　　　酢浆草

图 5.19 爆炸的果实

水的传播

对于水力传播植物而言,最重要的性能当然是漂浮能力,尤其是当其表面具有防水性时,漂浮能力将会更好。生长在沿河或是沿海地带的植物,有的果实中富含纤维和木栓质、油脂,有的则长有气囊从而获得浮力,因此,它们可以随波漂流至远方。防水性对于种子过早地萌芽也是一种抑制,而且对于海水传播植物而言,能保护其不受盐水的侵蚀。

水力传播在水生植物、沼泽植物、泥塘植物及生活在水源附近的植物中尤其常见。据不完全统计,全世界有 100 多种植物是利用水传播种子的。

利用水传播种子的代表是椰子(图 5.20)和睡莲(图 5.21),椰子成熟后就会坠落在海水里,随着海水漂流,漂到哪个海岛或者海边就会在那里生根发芽;睡莲也是一个很典型的代表,成熟的果实在水下腐烂后,海绵状的外表皮就会让种子漂浮起来,漂到哪里就在哪里生根发芽。

图 5.20 椰子

图 5.21 莲蓬

知识充电站 24　穿越千年的绽放

莲是最古老的双子叶植物之一，早在1亿多年前就在地球上生存。中国挖掘出的古莲子中，最古老的是在河南仰韶文化遗址发掘出的两颗，有5 000多年历史，可惜已经碳化，无法"复活"。

2022年，南宁植物园（青秀山）获赠3颗古莲子及8颗古莲后代种子。这3颗古莲子在辽宁省大连市普兰店区出土，经^{14}C放射性同位素测定距今约有1 200年。2023年5月，广西亚热带园林植物研究中心开始尝试"复活"这些古莲子。2024年7月，广西成功"复活"1 200年前的古莲，并且使其顺利绽放出了娇艳的花朵。

图 5.22　莲子纵切面

莲子何以存千年？一是，莲子有自带的天然"密封箱"——坚固的外皮让种子保持沉睡（图5.22）；二是，古莲子通常被埋在泥炭层中，长期处于干燥、低温和密闭的条件下。

【实验 30】 种子的旅行方式

目的：通过观察不同种子的形态，了解种子的旅行方式。

材料：收集各种种子，如水稻、小麦、玉米、黄豆、菜心、菠菜、茼蒿、萝卜、南瓜、丝瓜、黄瓜、西瓜、番茄、辣椒、茄子、黄花风铃木、莲子、枫叶、鬼针草、松子、板栗、蒲公英、棉花等。

步骤：

（1）将种子摆出来。

（2）按种子的旅行方式，给各种子分类。

（3）分享各组的分类结果。

讨论：

相同旅行方式的种子有没有相同的特点？

知识充电站 25　品种改良

有些植物曾经是对人类毫无用处的野生植物，但是人类通过精心培育，逐渐把它们培养成了有用的植物。

马铃薯原本生长在智利和秘鲁的深山中，那时它的块茎不过橡子般大小，并且还有毒。人们把这种杂草一样的植物带到田里进行种植，随着时间推移，马铃薯的样子改变了，它的体型逐渐变大，养分也逐渐增多，最后变成了现在这种淀粉含量极高的马铃薯。

现代纯化、杂交、基因测序分析、转基因等技术，为人类的衣食住行提供了更丰富的品种选择。图 5.23 为观赏羽衣甘蓝。

图 5.23　观赏羽衣甘蓝

知识充电站 26　袁隆平与杂交水稻

袁隆平是中国著名的农业科学家,被誉为"杂交水稻之父"。他在杂交水稻研究方面取得了重大突破,极大地提高了水稻的产量和抗病性。①杂交水稻的开发:袁隆平及其团队在 20 世纪 70 年代首次成功培育出杂交水稻。这种水稻比常规水稻产量高出 20%～30%。②全球影响:杂交水稻技术不仅在中国广泛应用,还推广到世界多个国家,帮助解决了粮食短缺问题。③持续创新:袁隆平不断推动杂交水稻的研究,开发出超级杂交稻,进一步提高了产量。袁隆平的贡献显著提高了全球水稻产量,对保障粮食安全具有深远影响。

推荐读物《一粒种子改变世界》(南海出版公司,2019)、《禾下乘凉梦:袁隆平传》(湖南少年儿童出版社,2021);电影《袁隆平》。

知识充电站 27　种子与生活

种子,不仅能延续物种,还为我们提供了生活必需品及大量工业原料,从而造就了人类高度发达的现代文明。

种子内储藏的营养物质主要有淀粉、脂肪和蛋白质。根据储藏物质的主要成分,作物的种子可分为淀粉类种子,如水稻、小麦、玉米和高粱等;脂肪类种子,如花生、油菜、芝麻和油茶等;蛋白质类种子,如大豆。

粮食:玉米、水稻、小麦

豆类:黄豆、绿豆、红豆、黑豆

油:菜籽油、花生油、玉米油、茶油、油棕油

植物纤维:棉、麻

饮品:咖啡、可可、大麦茶

香辛料:八角、胡椒、辣椒、孜然

干果:核桃、腰果、松子、榛子

药:酸枣仁、杏仁、桃仁、砂仁

推荐读物《撼动世界史的植物》(接力出版社,2019)。

知识充电站28　咖啡

咖啡属茜草科（Rubiaceae）咖啡属（*Coffea*）多年生常绿灌木或小乔木，主要栽培种有阿拉比卡种咖啡（*Coffea arabica* L.）（小粒种咖啡），约占世界种植面积的60%，甘弗拉种咖啡（*Coffea canephora* Pierre）（罗布斯塔种咖啡或中粒种咖啡），约占世界种植面积的40%。利比里亚种咖啡（*Coffea liberica* Bull ex

图5.24　咖啡花

Hiern）（大粒种咖啡）、埃塞尔萨种咖啡（*Coffea excelsa* chevalier）（查理种咖啡），仅作为种质进行保存。

咖啡是世界三大饮料作物之一，原产于非洲埃塞俄比亚，至今已有2 000多年历史。咖啡的生产地带为介于北纬25°到南纬30°，包含了南美洲、非洲、亚洲、欧洲等的许多国家。

自1884年起咖啡陆续引种到我国台湾、海南和云南等地。2023年，云南咖啡种植面积约为120万亩，云南咖啡种植面积、产量、农业产值均占全国98%以上。

图5.24和图5.25分别为咖啡花和咖啡果。

图5.25　咖啡果

咖啡可提神,可预防阿尔兹海默症等神经退化性疾病,助消化,利尿,保护心血管,减少大肠癌、结肠癌、肝癌等癌症的患病概率,抑制乳腺癌细胞生长,可护肝,解酒。

图 5.26 为咖啡豆和咖啡。

图 5.26 咖啡豆和咖啡

【实验 31】 咖啡手冲

目的：了解掌握世界三大饮料咖啡的冲泡方法。

材料：咖啡豆、研磨器、分享壶、细嘴壶、滤纸、扇形杯、电子秤、热水壶、饮用水、杯子。

步骤：

（1）称豆：用电子秤称取咖啡豆 10 克。

（2）研磨：将咖啡豆放入研磨器中研磨，闻豆香。

（3）温壶：用开水冲洗滤杯滤纸。

（4）冲泡：将咖啡粉放入扇形杯中，细嘴壶慢慢冲入开水至 150 毫升。

（5）品尝：将咖啡从分享壶中倒出，品尝咖啡的滋味（图 5.27）。

讨论：

相互分享咖啡的滋味，造成不同味道的可能原因是什么？

图 5.27　冲泡咖啡

知识充电站 29 植物分类

目前生存在地球上的植物有 40 多万种,如果没有一个统一的分类规则,植物界就乱套了。

从前人们面对种类如此众多,彼此又千差万别的植物根本无从下手。后来,瑞典的林奈创立了双名法,于是就有了植物分类学(图 5.28)。

植物分类学是一门主要研究整个植物界不同类群的起源、亲缘关系,以及进化发展规律的基础学科,也就是把纷繁复杂的植物界分门别类,便于人们认识和利用植物。

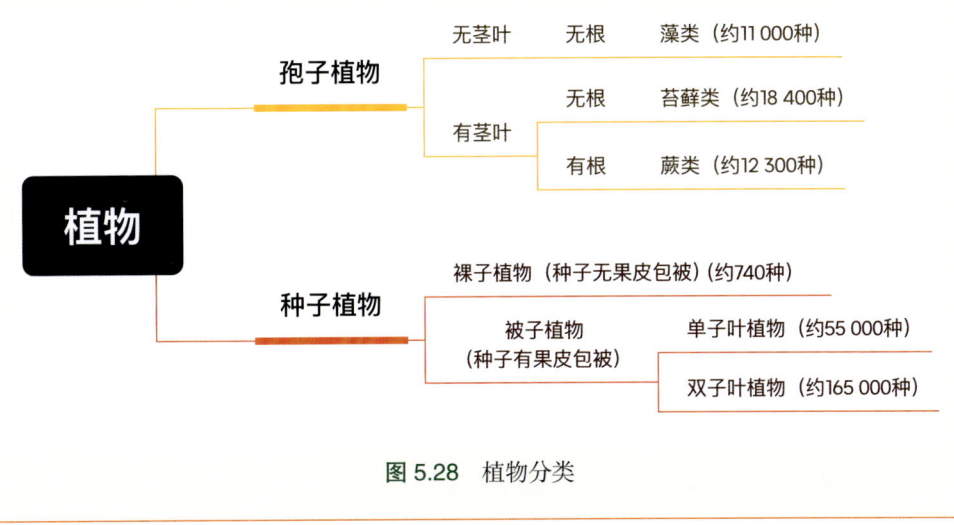

图 5.28 植物分类

参考文献

法布尔，2019．法布尔植物记：手绘珍藏版：全2册．邢青青，洪梅，译．北京：北京联合出版公司．

顾洁燕，徐蕾，2017．植物不简单．上海：上海科技教育出版社．

李扬汉，1984．植物学．上海：上海科学技术出版社．

盛口满，2019．盛口满的手绘自然图鉴．蔬菜的植物学．杨媛，译．北京：中国友谊出版公司．

盛口满，2019．盛口满的手绘自然图鉴．谷物的智慧．杨媛，译．北京：中国友谊出版公司．

史军，2021．植物塑造的人类史．北京：现代出版社．

特里·邓恩·切斯，2016．怎么观察一朵花：发现花朵的秘密生活．周玮，译．北京：商务印书馆．

沃尔夫冈·斯塔佩（Wolfgang Stuppy），罗布·克塞勒（Rob Kesseler），2020．植物王国的奇迹．果实的奥秘．2版．师丽花，和渊，译．北京：人民邮电出版社．

小林智洋，山东智论，2022．世界上不可思议的果实种子图鉴．雷韬，译．北京：化学工业出版社．

英国DK出版社，2022．DK植物大百科．刘凤，李佳，译．北京：北京科学技术出版社．

张家荣，2013．植物的游戏．北京：电子工业出版社．